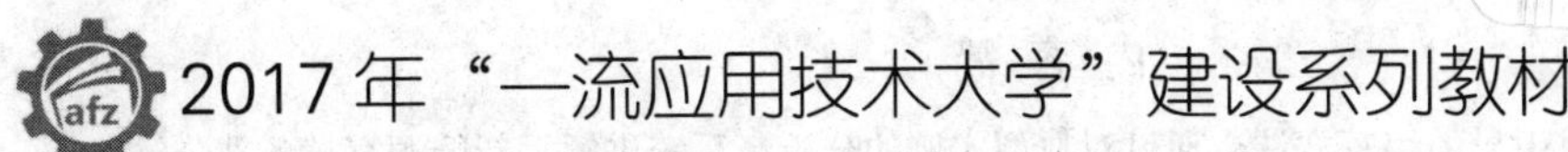

2017年"一流应用技术大学"建设系列教材

# 新能源汽车维护与保养

# Maintenance and Repair of New Energy Vehicles

主　编　李　欢

副主编　姜绍忠　魏明江　刘晓明

西安电子科技大学出版社

## 内容简介

本书采用项目引导的编写方法，通过对典型实例的分析，系统讲解了新能源汽车各部分维护与保养的相关知识。全书的主要内容包括新能源汽车维护概论、新能源汽车PDI与磨合期维护、新能源汽车高压系统维护、新能源汽车底盘系统维护、新能源汽车电气系统维护五个教学项目。

本书内容新颖，图文并茂，结合实际，实用性强，既可作为高等职业院校、应用技术大学汽车类专业的理(论)实(践)一体化教材，也可作为成人高等教育、汽车技术培训班相关课程的教材，还可作为社会汽车维修技术人员和相关行业的技术人员的业务参考书及培训用书。

**图书在版编目(CIP)数据**

新能源汽车维护与保养/李欢主编. —西安：西安电子科技大学出版社，2019.8

ISBN 978-7-5606-5193-4

Ⅰ. ① 新… Ⅱ. ① 李… Ⅲ. ① 新能源—汽车—车辆修理 ② 新能源—汽车—车辆保养

Ⅳ. ① U469.7

**中国版本图书馆CIP数据核字(2018)第278352号**

策划编辑 毛红兵 秦志峰

责任编辑 王 妍 秦志峰

出版发行 西安电子科技大学出版社(西安市太白南路2号)

电 话 (029)88242885 88201467 邮 编 710071

网 址 www.xduph.com 电子邮箱 xdupfxb001@163.com

经 销 新华书店

印刷单位 陕西天意印务有限责任公司

版 次 2019年8月第1版 2019年8月第1次印刷

开 本 787毫米×1092毫米 1/16 印 张 12.75

字 数 295千字

印 数 1～2000册

定 价 30.00元

ISBN 978-7-5606-5193-4 / U

**XDUP 5495001-1**

***如有印装问题可调换***

天津中德应用技术大学

# 2017 年“一流应用技术大学”建设系列教材

## 编 委 会

主　任：徐琤颖

委　员：(按姓氏笔画排序)

王庆桦　王守志　王金凤　邓　蓓　李　文

李晓锋　杨中力　张春明　陈　宽　赵相宾

姚　吉　徐红岩　靳鹤琳　薛　静

# 前　言

根据中国汽车工业协会发布的数据，2017 年我国新能源汽车产销量分别达到了 79.4 万辆和 77.7 万辆，保有量超过 160 万辆。中国新能源汽车产业的发展，举世瞩目。2012 年国务院出台《节能与新能源汽车产业发展规划(2012—2020 年)》，提出了新能源汽车行业具体的产业化目标：到 2020 年，纯电动汽车和插电式混合动力汽车生产能力达 200 万辆，累计产销量超过 500 万辆。

随着新能源汽车保有量逐年增加，新能源汽车维护与保养的工作量也在逐渐加大，这就对汽车维修技术人员在新能源汽车维护与保养方面提出了越来越高的要求，同时对相关技术技能人才的需求量也越来越大。新能源汽车维护与保养是新能源汽车专业学生的必修课程，为了更好地满足新能源服务行业对于应用型人才培养的需求，我们依据当前新能源汽车市场的发展实际，通过将理论与实践相结合，融“教”“学”“做”为一体，编写了本教材。

本书采用项目引导、任务驱动的编写方法，对新能源汽车维护保养进行了系统讲解，每个学习单元中的学习任务基本上按照“学习目标”→“任务载体”→“相关知识”→“任务准备”→“任务实施”→“任务评价”的思路进行编写，实践操作环节按现代汽车维修企业的实际作业流程编写。本书内容结合汽车维修企业以及职业院校的实际，由浅入深，由易到难，理论与实践结合紧密，易于读者系统地学习和掌握。

本书具有以下特点：注重知识技能的实用性和有效性，以学生就业所需专业知识和操作技能为着眼点，紧跟最新的技术发展和技术应用潮流，在理论知识够用的前提下，着重讲解应用型人才培养所需的技能，突出实用性和可操作性；为配合本书学习，编者独立开发了多媒体教学资源，包括电子课件、学习工作页；参照行业最新标准进行编写。

本书在编写过程中参考了国内外出版的同类教材和图书以及相关车型的维修手册，在此向原作者表示感谢。

本书由天津中德应用技术大学李欢任主编，同校的姜绍忠、魏明江、刘晓明任副主编。全书由李欢统稿。

由于编者水平有限，书中难免存在不妥或疏漏之处，恳请广大读者批评指正并提出宝贵意见。

编　者

2019 年 4 月

# 前言

# 目　录

# 项目一　新能源汽车维护概论

## 任务一　新能源汽车维护的基础知识

【学习目标】

(1) 了解新能源汽车维修制度；
(2) 了解新能源汽车维护的意义、目的和标准；
(3) 了解新能源汽车维护的分类；
(4) 了解新能源汽车维护周期；
(5) 掌握新能源汽车维护的主要工作内容；
(6) 掌握新能源汽车维护的作业规范和作业范围。

【任务载体】

通过组织学生参观某新能源汽车维修企业，了解企业性质、组织形式及工作内容，重点了解目前新能源汽车维护的基本知识。

【相关知识】

### 一、新能源汽车维修制度

#### 1. 新能源汽车维修制度分类

(1) 维护。维护是指定期对汽车的各总成进行清洁、检查、润滑、紧固、调整、仪器检测或更换部分零件，目的是保持车辆整洁、车况良好并消除故障隐患，避免或减少车辆故障。

(2) 修理。修理是指为使汽车各总成的技术状况和工作能力达到行驶要求所进行的活动。修理包括故障诊断、拆卸、检测、换件、修复、装配、磨合、试验等。

#### 2. 维护与修理的区别

(1) 作业技术措施不同。维护以预防为目的，通常采取强制要求实施；修理是按计划，视需要进行。

(2) 作业时间不同。维护作业通常是在车辆发生故障之前进行；修理作业则通常是在车辆发生故障之后进行。

(3) 作业目的不同。维护的目的通常是降低零件磨损速度，预防故障的发生，延长汽车使用寿命；修理的目的则是让出现故障或无法正常工作的部件、总成恢复常态，使汽车达到良好的技术状况、工作能力，延长使用寿命。

### 3. 维护与修理的关系

新能源汽车的维护和修理是辩证关系，维护中有修理，修理中有维护。在车辆维护过程中可能发现某一部位或部件将要发生故障或存在故障前兆，因而可在维护时对其进行修理。而在修理的过程中，对一些没有损坏的部件也要进行维护。在日常工作中，要坚持预防为主，以维护为重点，按需进行必要的修理。

## 二、汽车维护的意义及目的

### 1. 维护的意义

随着现代汽车制造业的不断进步，新技术、新工艺、新材料得到了广泛应用，大大提高了汽车的性能和使用寿命。但无论汽车的性能多么优良，随着其行驶里程的增加，汽车零部件磨损逐渐加剧，技术状况不断变差，这是不可避免的。图 1-1-1 所示为汽车零部件的磨损曲线。

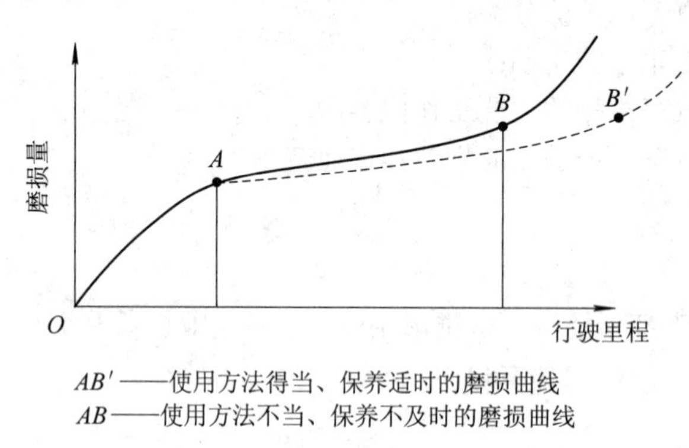


图 1-1-1 汽车零部件的磨损曲线

由图 1-1-1 可以看出，若使用方法得当、保养适时，则零件磨损可分为以下三个阶段：

第一阶段：在磨合期(*OA* 段)，新零部件及修复件表面较为粗糙，工作时零部件表面的凸起点会划破油膜，在零件表面产生强烈的刻划、粘接等作用，同时从零件表面脱落下来的金属及氧化物颗粒会引起严重的磨料磨损。所以，该阶段的磨损速度较快，随着磨合时间的增长，零件表面的质量不断提高，磨损速度相应降低。

第二阶段：在正常工作期(*AB′* 段)，零部件的表面粗糙度降低，增强了适油性及强度，所以零部件的磨损速度变得缓慢。

第三阶段：在极限磨合期(自 *B′* 点开始)，随着零部件磨损的不断累积，零部件的配合间隙变大，润滑油油面压力降低，正常的润滑条件被破坏，零件之间的相互冲击力增大，加剧了零部件的磨损。此时，如不及时进行调整或修理，将会造成事故性损坏。

由图 1-1-1 还可以看出，在相同的里程内，$AB'$ (虚线)的磨损量比 $AB$(实线)的小，其使用寿命比 $AB$ 的长。由此可见，只有根据磨损规律制定切实可行的维护措施，才能使汽车零部件保持完好的技术状态。这便是汽车维护的意义所在。

### 2. 维护的目的

汽车维护的目的在于保持车容整洁、车况良好，及时发现并消除故障隐患，有效延长汽车的使用寿命，防止车辆早期损坏，具体包括：

(1) 车辆经常处于良好的技术状况，随时可以出车；

(2) 在合理使用条件下，不会因机件损坏而影响行车安全；

(3) 在运行过程中，降低燃料、润滑油以及配件和轮胎的消耗；

(4) 减少车辆噪声和所排放污染物对环境的污染；

(5) 各部总成的技术状况尽量保持均衡，以延长汽车大修的间隔里程。

## 三、新能源汽车维护的标准

根据交通运输部《汽车运输业车辆技术管理规定》，汽车维护应贯彻“预防为主、定期检测、强制维护”的原则，即必须遵照交通运输管理部门或生产厂家规定的行驶里程或时间间隔，按期强制执行汽车维护，不得拖延。在维护作业中，应遵循汽车维护分级和作业范围的有关规定，以保证维护质量。

目前，我国还没有出台与新能源汽车维护相关的国家标准。2018 年 5 月，交通运输部向相关部门下达了 2018 年交通运输标准化计划，其中包括制定《纯电动汽车维护、检测、诊断技术规范》，要求 2019 年完成。

2018 年 8 月 21 日，上海市汽车维修行业协会下发《新能源汽车维护技术标准(试行)》，旨在提高新能源汽车维修质量，为营运安全奠定基础。该标准规定了新能源汽车日常保养、一级保养、二级保养所涉及的周期、作业内容和技术要求，适用于纯电动汽车和混合动力汽车的高压电动部分。目前，新能源汽车快速发展，《新能源汽车维护技术标准(试行)》的发布，无疑具有重要的指导意义，其具体内容见附录 1。

## 四、新能源汽车维护的分类

汽车维护是预防性的，保持车容整洁、车况良好，及时发现并消除故障和隐患，防止汽车早期损坏是汽车维护的基本要求。汽车维护的各项作业是有计划定期执行的，它的内容是依照汽车技术状况变化的规律来安排的，并要在汽车技术状况变坏之前进行，以符合预防为主的原则。

定期检测是指汽车在二级维护前必须用检测仪器或设备对汽车的主要性能和技术状况进行检测诊断，以了解和掌握汽车的技术状况和磨损程度，并做出技术评定。根据检测结果可确定维护该车的附加作业或小修项目，从而结合二级维护一并进行附加作业或小修。

强制维护是在计划预防维护的前提下执行的维护制度，是指汽车维护工作必须遵照交通运输管理部门或汽车使用说明书规定的行驶里程或时间间隔按期进行，不得任意拖延，以体现强制性的维护原则。

新能源汽车保养周期区分的依据是营运及非营运车辆的使用频率。新能源汽车维护可分为两类：定期维护和非定期维护。

新能源汽车定期维护可分为四类：走合维护、日常维护、一级维护和二级维护。走合维护即新车磨合期内的维护保养；日常维护是以清洁、调整和安全检查为主要目的的汽车维护作业；一级维护涉及常规系统和高压系统，常规系统一级维护是指与传统汽车类似的结构、部件应按照 GB/T 18344—2001 执行一级维护，高压系统一级维护的主要作业内容包括清洁、检查、润滑、紧固、调整和仪器检测；二级维护中常规系统二级维护的基本作业应符合 GB/T 18344—2001 第 7.5 条规定的作业项目及要求，高压系统二级维护的作业内容主要包括对驱动电机、动力电池和高压附件的维护。

非定期维护可分为季节性维护、免拆维护(新型维护方法)和诊断维护三类。

## 五、新能源汽车维护的主要工作内容

维护作业主要分为六类：清洁、检查、润滑、紧固、调整和仪器检测。汽车维护是一种计划预防制度，在汽车行驶到规定的维护周期时，必须按期强制进行维护。

### 1. 清洁

清洁作业是以提高汽车维护质量、防止零部件腐蚀、减轻零部件磨损和降低能量消耗为目的的，并为检查、润滑、紧固、调整和仪器检测作业做好准备。清洁作业的内容：清洁燃油、机油、空气滤清器滤芯(针对混合动力汽车)；清洁相关高压部件风冷滤网；清洁汽车外表以及相关总成和零部件内、外部。

### 2. 检查

检查作业是以检查汽车各部位零部件是否松动或损坏为目的的。检查作业的内容：检查汽车各总成和零部件是否齐全，连接是否牢固，是否存在漏水、漏油、漏气和漏电等现象；利用指示仪表、报警装置等车载诊断装置，检查各总成、机构和仪表的技术状况；检查影响车辆安全行驶的转向系统、制动系统和灯光系统等的工作状况是否正常；检查因车辆总成拆卸、装配或调整时产生的主要零部件的配合间隙。

### 3. 润滑

润滑作业的内容：按照车辆的润滑图表和规定润滑周期，用规定牌号的润滑油或润滑脂进行润滑；润滑电驱系统和传动系统的零部件；按规定补充、更换发动机、变速器、转向器、驱动桥等部件的润滑油。

### 4. 紧固

汽车在运行中，由于振动、颠簸、热胀冷缩等原因，零部件间的连接可靠性会因紧固程度的改变而变差。因此，紧固作业的重点应放在负荷重且工作环境经常变化的各零部件的连接部位，如高压线束和高压附件，应及时对各连接螺栓进行必要的紧固和更换。

### 5. 调整

调整作业的目的是保证各总成和零部件长期正常工作。调整作业是否做好，直接影响着零部件磨损程度和汽车使用的经济性、可靠性。调整作业的内容：调整润滑油油量、冷却液液面、低压蓄电池电量、轮胎压力、空调制冷剂用量、玻璃水液位、动力电池电量等。

### 6. 仪器检测

汽车维护中的仪器检测主要是指利用相关检测设备对汽车转向轮定位、车轮动平衡、高压系统绝缘电阻、高压部件输出电压等进行检测作业。在检测之前，应保证专用检测设备精度和检测结果符合国家相关技术标准或原厂要求。

## 六、新能源汽车维护周期

汽车维护周期是指车辆进行两次同级维护所间隔的行驶里程或时间。国家标准《汽车维护、检测、诊断技术规范》(GB/T18344—2016)规定如下：日常维护应在出车前、行驶中和收车后进行；一、二级维护周期应以车辆的行驶里程或时间为确定依据。

(1) 一级维护。一级维护周期一般为 5000～10 000 km 或按车辆使用说明书的有关规定进行。

(2) 二级维护。二级维护周期一般为 20 000～30 000 km 或按车辆使用说明书的有关规定进行。

不同品牌的汽车，其相应的汽车维护周期可能也不同。例如，电动汽车的维护周期根据营运及非营运电动汽车的使用频率进行区分，具体如表 1-1-1 所示。

**表 1-1-1　电动汽车维护周期**

| 序号 | 维修类别 | 营运电动汽车 | 非营运电动汽车 |
|---|---|---|---|
| 1 | 日常维护 | 每个营运工作日 | — |
| 2 | 一级维护 | 5000～10 000 km 或者 1 个月 | 5000～10 000 km 或者 6 个月 |
| 3 | 二级维护 | 20 000～30 000 km 或者 6 个月 | 20 000～30 000 km 或 1 年 |
| 4 | 诊断维修 | 更换高压系统总成部件(如控制模块、高压空调压缩机等)；<br>维修仅限于更换蓄电池内独立部件(如高压蓄电池单元格)；<br>高压系统部件外观损坏、变形时严禁维修更换，应报备相应主机厂 | |

注：维护作业间隔里程/时间以先到者为准。

## 七、新能源汽车维护的作业规范和作业范围

### 1. 维护的作业规范

维护作业主要包括前文讲到的清洁、检查、润滑、紧固、调整和仪器检测等内容，一般除主要总成发生故障必须解体外，原则上不对车辆总成进行解体，这就明确了维护和修理的界限。进行维护时，不能对汽车主要总成进行解体，只有在检测到故障且需要拆卸时，才可进行。

新能源汽车维护的作业规范如下：

(1) 常规系统执行国家标准《汽车维护、检测、诊断技术规范》(GB/T 18344—2001)。

(2) 高压系统的一、二级维护周期没有作统一规定。不同品牌新能源汽车的维护规范不尽相同，不同地区出台的维护标准也不一样，有些省份还没有出台相关标准和规范。

2. 维护的作业范围

新能源汽车各类维护的作业范围见表 1-1-2。

表 1-1-2 新能源汽车各类维护的作业范围

| 维护种类 | 作 业 范 围 | 执行 |
| --- | --- | --- |
| 走合维护 | 汽车运行初期进行走合维护可以改善零件摩擦表面的几何形状和表面层的物理机械性能，一般在 3000～5000 km 左右或依照厂家要求进行 | 驾驶员 |
| 日常维护 | 日常维护是各级维护的基础，目的是保持车辆的外观和车况良好，使车辆处于完好状态，以保证正常运行。<br>日常维护作业的主要内容包括清洁、调整和安全检查。<br>(1) 保持“两清”，即保持常规系统(车身、车窗等)和高压系统(高压部件相关风冷过滤网)的清洁。<br>(2) 坚持“三检”，即在出车前、行车中、收车后检查车辆的安全机构及各零部件连接的紧固情况。<br>(3) 防止“四漏”，即防止漏水、漏油、漏气和漏电。<br>(4) 保持螺栓、螺母不松动、不缺少；保持轮胎压力正常、制动可靠、转向灵活、润滑良好；保持灯光、喇叭工作正常；等等 | 驾驶员 |
| 一级维护 | 一级维护涉及常规系统和高压系统。<br>常规系统一级维护是指与传统汽车类似的结构、部件应按照 GB/T 18344—2001 执行一级维护。<br>高压系统一级维护是以清洁、检查、润滑、紧固、调整和仪器检测为主的维护作业，主要包括对高压线束连接器紧固情况、高压绝缘状态、绝缘防护完整性、高压系统紧固情况等的检查 | 售后服务企业 |
| 二级维护 | 常规系统二级维护的基本作业应符合 GB/T 18344—2001 第 7.5 条规定的作业项目及要求，主要包括对制动性能、转向轮定位、车轮动平衡、灯光、转向系统及传动系统的检查。<br>高压系统的二级维护主要包括对驱动电机、动力电池和高压附件的维护作业。<br>二级维护可能会发现车辆故障，若进行必要维修，需要有一定的作业时间 | 售后服务企业 |
| 季节性维护 | 由于冬、夏两季的温差大，为使车辆在冬、夏两季能够合理使用，在换季之前应结合定期维护，并附加一些相应的项目，使汽车适应不同的运行条件，此种附加性的维护称为季节性维护 | 售后服务企业 |
| 免拆维护 | 免拆维护是指在车辆总成不解体的前提下，用专用设备及保护用品对燃油系统、冷却系统、润滑系统、制动系统、自动变速器(减速器)等进行的维护 | 售后服务企业 |

## 八、新能源汽车常规维护

### 1. 纯电动汽车维护

纯电动汽车的动力电池与电机代替了传统汽车的发动机，用来驱动汽车行驶。纯电动汽车的变速器与传统汽车不同，为固定传动比的减速器，底盘其他部分和电气部分与传统燃油车基本一致。为确保车辆保持最佳状态，同传统燃油车一样，纯电动汽车也需要进行定期维护，如每年或行驶 20 000 km 更换变速器油和空调滤芯；每两年或行驶 40 000 km

更换冷却液和制动液；定期检查底盘、灯光、轮胎等常规部件。

由于纯电动汽车是靠电机驱动的，所以不需要机油，也就不需要机油滤清器、正时皮带、空气滤清器等部件，只需要对动力电池和驱动电机进行常规检查，并保持其清洁即可。由此可见，纯电动汽车的维护作业内容确实比传统燃油车少很多。电动汽车保养类别可根据行驶里程分为A、B级两类，见表1-1-3。

**表1-1-3　电动汽车维护保养级别**

| 保养类别 | 保养项目 | 累计行驶里程/km | | | | | |
|---|---|---|---|---|---|---|---|
| | | 10 000 | 20 000 | 30 000 | 40 000 | 50 000 | 以此类推 |
| A级保养 | 全车保养 | √ | | √ | | √ | |
| B级保养 | 高压、安全检查 | | √ | | √ | | √ |

通常，对纯电动汽车的维护和传统燃油车一样，采用A级和B级两级维护计划，并根据不同等级做出相应的维护操作。典型纯电动汽车的维护计划与维护项目见表1-1-4。

**表1-1-4　典型纯电动汽车的维护计划与维护项目**

| 系统类别 | 检查内容 | 处理方法 | 保养级别 | |
|---|---|---|---|---|
| | | | A级 | B级 |
| 动力电池系统 | 安全防护 | 检查、视情处理 | √ | √ |
| | 绝缘 | 检查、视情处理 | √ | √ |
| | 接插件状态 | 检查、视情处理 | √ | √ |
| | 标识 | 检查、视情处理 | √ | |
| | 螺栓紧固力矩 | 检查、视情处理 | √ | √ |
| | 动力电池加热功能 | 检查、视情处理 | √ | |
| | 外部 | 清洁处理 | √ | √ |
| | 数据采集 | 分析、视情处理 | | |
| 电机系统 | 安全防护 | 检查、视情处理 | √ | √ |
| | 绝缘 | 检查、视情处理 | √ | √ |
| | 电机及控制器冷却 | 检查、视情处理 | √ | √ |
| | 外部 | 清洁处理 | √ | √ |
| 电气电控系统 | 机舱及各部位低压线束防护及固定 | 检查、视情处理 | √ | √ |
| | 机舱及各部位插接件状态 | 检查、视情处理 | √ | √ |
| | 机舱及底盘高压线束防护及固定 | 检查、视情处理 | √ | √ |
| | 机舱及底盘各高、低压电器固定及插接件连接状态 | 检查、视情处理并清洁 | √ | √ |
| | 蓄电池 | 检查电量，视情况处理 | √ | √ |
| | 灯光、信号 | 检查、视情况处理 | √ | √ |
| | 充电口及高压线 | 检查、视情况处理 | √ | √ |
| | 高压绝缘监测系统 | 检测、视情处理 | √ | |
| | 故障诊断系统报警监测 | 检查、视情处理 | √ | |

续表

| 系统类别 | 检查内容 | 处理方法 | 保养级别 | |
|---|---|---|---|---|
| | | | A级 | B级 |
| 制动系统 | 驻车制动器 | 检查效能并视情处理 | √ | √ |
| | 制动装置 | 泄漏检查 | √ | √ |
| | 制动液 | 液位检查 | √ | √ |
| | 制动真空泵、控制器 | 检查(漏气)，并视情处理 | √ | √ |
| | 前、后制动摩擦副 | 检查、视情况更换 | √ | √ |
| 转向系统 | 转向盘及转向管柱连接紧固状态 | 检查、视情况处理 | √ | √ |
| | 转向机本体连接紧固状态 | 检查、视情况处理 | √ | √ |
| | 转向横拉杆间隙及防尘套 | 检查、视情况处理 | √ | √ |
| | 转向助力功能 | 路试、视情况处理 | √ | |
| 车身系统 | 风窗及洗涤雨刷 | 检查、视情况更换处理 | √ | √ |
| | 顶窗 | 检查、视情况处理 | √ | √ |
| | 座椅及滑道 | 检查、视情况处理 | √ | √ |
| | 门锁及铰链 | 检查、视情况处理 | √ | √ |
| | 机舱铰链及锁扣 | 检查、视情况处理 | √ | √ |
| | 后背门(厢)铰链及锁 | 检查、视情况处理 | √ | √ |
| 传动及悬挂系统 | 变速器(减速器) | 检查减速箱连接、紧固及渗漏 | √ | √ |
| | 传动轴 | 检查球笼间隙及护罩，并视情况处理 | √ | √ |
| | 轮辋 | 检查、紧固，视情处理 | √ | |
| | 轮胎 | 检查胎压并视情处理 | √ | √ |
| | 副车架及各悬置连接状态 | 检查紧固 | √ | |
| | 前后减震器 | 检查渗漏情况并紧固，视情况更换 | √ | |
| 冷却系统 | 冷却液液位及冰点 | 液位及冰点测试，视情况添加 | √ | √ |
| | 冷却管路 | 检查渗漏情况并处理 | √ | √ |
| | 水泵 | 检查渗漏情况并处理 | √ | √ |
| | 散热水箱 | 检查、清洁 | √ | √ |
| 空调系统 | 空调冷、暖风功能 | 测试、处理 | √ | |
| | 压缩机及控制器 | 检查压缩机及控制器安装及线束插接件状态 | √ | |
| | 空调管路及连接固定 | 管路防护检查并视情况检漏处理 | √ | √ |
| | 空调系统冷凝水排水口 | 检查、处理 | √ | |
| | 空调滤芯 | 检查、处理 | √ | √ |

针对表 1-1-4 所示的维护计划，具体执行的维护项目有：

(1) 动力电池系统维护项目。

① 外观检查。

目的：确保外观无磕碰、损坏。

方法：将车辆举升，目测动力电池底部有无磕碰、划伤、损坏的现象。

② 绝缘检查。

目的：确保动力电池高压母线绝缘良好。

方法：将动力电池高压母线旋变拧开，用绝缘电阻表测总正、总负对地电阻，阻值应大于或等于 500 Ω/V(1000 V)。

③ 底盘连接检查。

目的：防止螺栓松动造成故障。

方法：用扭力扳手检查并紧固固定螺栓。

④ 接插件检查。

目的：确保接插件正常并连接紧固。

方法：目测动力电池高、低压接插件有无变形、松脱、过热、损坏等情况。

⑤ 高低压接插件可靠性检查。

目的：确保接插件正常使用。

方法：检查是否有松动、破损、锈蚀、密封等情况。

⑥ 电池内部温度采集点检查。

目的：确保测温点工作正常，采集点合理。

方法：利用笔记本电脑和红外热像仪采集温度，并对比电脑监控温度与红外热像仪温度，检查测温精度。

⑦ 电池加热系统测试。

目的：确保加热系统工作正常。

方法：电池箱接通 12 V 电源，利用笔记本电脑中的监控软件启动加热系统，目测风扇是否正常。

⑧ 标识检查。

目的：防止脱落。

方法：目测。

⑨ 动力电池密封检查。

目的：保证动力电池箱体密封良好，防水防尘。

方法：目测密封条，视情况更换密封条。

(2) 驱动电机及驱动电机控制器维护项目。

① 安全防护。

目的：确保驱动电机及控制器外观无磕碰、损坏。

方法：将车辆举升，目测驱动电机底部有无磕碰、划伤、损坏的现象。

② 绝缘检查。

目的：防止驱动电机内部短路。

方法：将驱动电机 U/V/W 旋变拧开，用绝缘电阻表检测，阻值应大于或等于 500 Ω/V (1000 V)。

③ 电机和控制器冷却检查(针对水冷方式)。

目的：确保电机与电机控制器冷却液循环制冷效果良好。

方法：使用卡环钳子捏紧冷却液管，使其水道内部阻力增大，进而使冷却液泵转速变小，声音发生变化，如无声音变化则水道内冷却液没有循环，需放气。

④ 外部检查。

目的：清洁电机及电机控制器表面。

方法：利用压缩空气气枪吹驱动电机及电机控制器，禁止使用潮湿的布和高压水枪进行清洁。

(3) 电气电控系统维护项目。

① 各部位低压线束防护及固定：检查各连接导线是否破损、干涉，是否连接良好，线束是否在原位固定。

② 各部位接插件状态：检查线束各连接导线接插件是否有松动、破损、锈蚀、烧熔等情况。

③ 高压线束防护及固定：检查机舱、底盘各高压线束连接导线是否破损、干涉，是否连接良好，线束是否在原位固定。

④ 各高、低压电器固定及接插件连接状态：检查前机舱、底盘端子接线是否牢固，控制线束接插件和旋变接插件连接是否牢固，集成横梁上部件搭铁连接是否牢固。

⑤ 蓄电池检查：使用万用表测量蓄电池工作电压是否大于 12.5 V，正负极极柱是否松动。

⑥ 灯光信号检查：检查前照灯、尾灯是否正常。

⑦ 充电口及高压线检查：检查充电线外观及插头是否破损，同时检查能否正常充电；检查充电口盖能否正常开启和关闭，以及当充电口盖板打开(或关闭)时仪表充电指示灯是否常亮(或熄灭)。

⑧ 高压系统绝缘检测：使用绝缘万用表检测高压线束绝缘值。

⑨ 故障诊断系统报警检测：连接诊断仪，检测有无故障。

(4) 制动系统维护项目。

① 驻车制动器：在斜坡将驻车制动器操纵杆拉到整个行程的 70%或驻车制动器棘轮齿数 6～7 齿，测试是否溜车，若溜车则调整驻车制动器。

② 制动装置：检查制动液是否泄漏。

③ 制动液：每隔 2 年或者行驶 40 000 km 更换制动液，制动液应选取车辆标号的制动液；检查制动液液面，必须在 MAX 和 MIN 之间。

④ 制动真空泵、真空罐、控制器(针对电动汽车)：

a．车辆停稳后，钥匙开关置于“ON”，完全踩下制动踏板，踩踏三次真空泵应正常起动，大约 10 s 后真空度达到设定值时真空泵应停止运转。

b．在制动真空泵工作时检查连接软管，检测重点部位有无磨损漏气现象；检查制动真空泵与软管连接处、真空罐与软管连接处。

⑤ 前后制动摩擦片：检查前后制动摩擦片并视情况更换。

(5) 转向系统维护项目。

① 转向横拉杆球头间隙、紧固程度及防尘套状态：

a．举升车辆使车轮悬空，通过摆动车轮和转向横拉杆来检查间隙。

b．检查转向横拉杆球头的固定螺母是否牢固。

c．检查转向横拉杆的防尘套有无损坏以及安装位置是否正确。

② 转向助力功能：

a．通过原地转动方向盘、低速行驶中转动方向盘，检测转向时方向是否有沉重、助力效果不足等故障。

b．将转向盘分别向左、右打至极限位置，检测是否有转向盘抖动、转向机异响等故障。

(6) 车身系统维护项目。

① 车窗和风窗洗涤剂刮水器：检视车窗是否有裂纹，玻璃洗涤剂是否缺失，刮水片擦洗是否干净，必要时更换。

② 清洁作业：清洁天窗、座椅滑道、门锁铰链、机舱铰链及锁扣、后背门铰链及锁扣，并加注润滑脂。

(7) 传动及悬架系统维护项目。

① 变速器(减速器)：

a．检查并紧固变速器连接螺栓，检查半轴油封有无渗漏，每隔一年或行驶 20 000 km 更换变速器齿轮油。

b．检查等速万向节及防尘套有无破损。

② 轮毂：目测轮毂有无划痕、磕碰，视情况对车轮做动平衡检查。

③ 轮胎：目测轮胎胎面和侧面是否有损坏和异物，轮胎滚动面是否有异常磨损、毛刺等；检查花纹深度是否达到极限，利用胎压表检查胎压是否正常。

④ 副车架悬置连接状态：检查副车架并用扭力扳手检查紧固状态。

⑤ 前后减震器：目测减震器有无漏油，检查螺栓紧固状态。

(8) 冷却系统和空调系统维护项目。

① 冷却液液位及冰点：每 2 年或行驶 40 000 km 使用冰点测试仪检测冷却液浓度，低于 35%需更换。

② 冷却管路：目测冷却系统管路及各零部件接口处有无泄漏情况。

③ 冷却液泵：目测泵接口是否有渗漏痕迹，是否有异响、停转现象。

④ 散热器：电机及电机控制器冷却后，使用压缩空气气枪，冲走在散热器后部或空调冷凝器中的碎屑。

### 2．混合动力汽车维护

由于混合动力汽车仍然有发动机，因而其日常维护的要求与传统汽车区别并不大。表 1-1-5 所示为典型混合动力汽车的维护计划。

**表 1-1-5 典型混合动力汽车的维护计划**

| 维护项目 \ 时间间隔 | | HEV 里程数或月数，以先到者为准 | | | | | | | | | | | |
|---|---|---|---|---|---|---|---|---|---|---|---|---|---|
| | × 1000 km | 3.5 | 11 | 18.5 | 26 | 33.5 | 41 | 48.5 | 56 | 63.5 | 71 | 78.5 | 86 |
| | 月数 | 6<br>(首保) | | 30 | | 54 | | 78 | | 102 | | 126 | |
| 发动机及变速器 | | | | | | | | | | | | | |
| (1) 检查皮带有无裂纹并调整张紧度 | | I | | I | | I | | I | | R | | I | |
| (2) 检查整车点火回路及供电回路 | | I | I | I | I | I | I | I | I | I | I | I | I |
| (3) 检查并更换火花塞 | 一般条件 | 首次 18 500 km 更换，之后每隔 22 500 km 更换一次 | | | | | | | | | | | |
| | 严酷条件 | 检查并视情况提前更换 | | | | | | | | | | | |
| (4) 检查曲轴箱通风系统 | | I | I | I | I | I | I | I | I | I | I | I | I |
| (5) 检查冷却液管有无损坏，确认管部是否锁紧 | | I | I | I | I | I | I | I | I | I | I | I | I |
| (6) 检查冷却液液面 | | I | I | I | I | I | I | I | I | I | I | I | I |
| (7) 加注汽油清洁剂 | | 定期维护时加注 | | | | | | | | | | | |
| (8) 更换防冻液 | | 每四年或行驶 100 000 km 更换一次 | | | | | | | | | | | |
| (9) 更换空气滤清器滤芯 | 一般条件 | 首次 18 500 km 更换，之后每隔 22 500 km 更换一次，定期维护时清洁 | | | | | | | | | | | |
| | 严酷条件 | 检查并视情况提前更换 | | | | | | | | | | | |
| (10) 更换机油 | 一般条件 | R | R | R | R | R | R | R | R | R | R | R | R |
| | 严酷条件 | 每隔 5000 km 更换 | | | | | | | | | | | |
| (11) 更换机油滤清器 | | 每次更换机油时更换 | | | | | | | | | | | |
| (12) 检查发动机怠速 | | I | | I | | I | | I | | I | | I | |
| (13) 检查排气管接头 | | I | | I | | I | | I | | I | | I | |
| (14) 检查氧传感器 | | I | | I | | I | | I | | I | | I | |
| (15) 检查三元催化器 | | I | | I | | I | | I | | I | | I | |
| (16) 更换燃油滤清器 | | | | R | | R | | R | | R | | R | |
| (17) 检查加油口盖、燃油管 | | I | | | | I | | | | I | | | |
| (18) 检查活性炭罐 | | I | | I | | I | | I | | I | | I | |
| (19) 检查并更换 AT 的齿轮油 | 一般条件 | 首次 56 000 km 更换，之后每 60 000 km 检查，必要时更换 | | | | | | | | | | | |
| | 严酷条件 | 视需要缩短周期 | | | | | | | | | | | |
| (20) 检查前机舱锁及紧固件 | | 每年 | | | | | | | | | | | |
| (21) 检查紧固底盘螺栓 | | I | I | I | I | I | I | I | I | I | I | I | I |
| (22) 检查制动踏板和电子驻车开关 | | I | | I | | I | | I | | I | | I | |

说明：I 表示检查，R 表示更换。

【学习工作页】

<table>
<tr><td rowspan="2"></td><td rowspan="2">新能源汽车维护与保养</td><td colspan="2">项目一：新能源汽车维护概论</td></tr>
<tr><td colspan="2">任务一：新能源汽车维护的基础知识</td></tr>
<tr><td>班级：</td><td>日期：</td><td>姓名：</td><td>学号：</td></tr>
</table>

任务描述：掌握新能源汽车维护的基础知识

1. 填空题

(1) 维护是指定期对汽车的各部分进行__________、__________、__________、__________、__________、仪器检测或更换某些零件，目的在于保持车容整洁，消除故障隐患，防止车辆早期损坏。

(2) 修理包括__________、__________、__________、__________、__________、__________、__________、__________等作业。

(3) 维护与修理的区别主要表现在______________________________________________________________________________________________。

(4) 汽车零件磨损可分为__________、__________、__________三个阶段。

(5) 定期维护主要分为__________、__________、__________、__________。

(6) 动力电池系统的维护主要包括__________、__________、__________、__________、__________、__________。

(7) 汽车非定期维护可分为__________维护(季节性维护)、__________维护(新型维护方法)和__________。

2. 问答题

(1) 新能源汽车维护的主要工作内容有哪些？

(2) 电动汽车电气电控系统维护项目有哪些？

(3) 电动汽车制动系统维护项目有哪些？

# 任务二　汽车 4S 店

【学习目标】

(1) 熟悉汽车 4S 店概况；
(2) 熟悉汽车 4S 店售后服务安全生产规程；
(3) 熟悉汽车 4S 店售后服务流程；
(4) 掌握汽车维修接待流程。

【任务载体】

组织学生参观某品牌汽车经销店，了解汽车 4S 店的概况、售后服务安全生产规程、售后服务流程。

【相关知识】

## 一、汽车售后服务管理制度

整车销售(Sale)、零配件供应(Spare part)、售后服务(Service)、信息反馈(Survey)这四个词语的英文首字母组合即为 4S。汽车 4S 店是汽车制造商和销售商共同打造的销售特定品牌车辆的专卖店。4S 店具有良好的企业形象、可靠的企业信誉、固定的产品供货渠道、完善专业的售后服务等优势。

### 1. 汽车 4S 店组织机构

以某品牌 4S 店组织机构框架为例，见图 1-2-1。

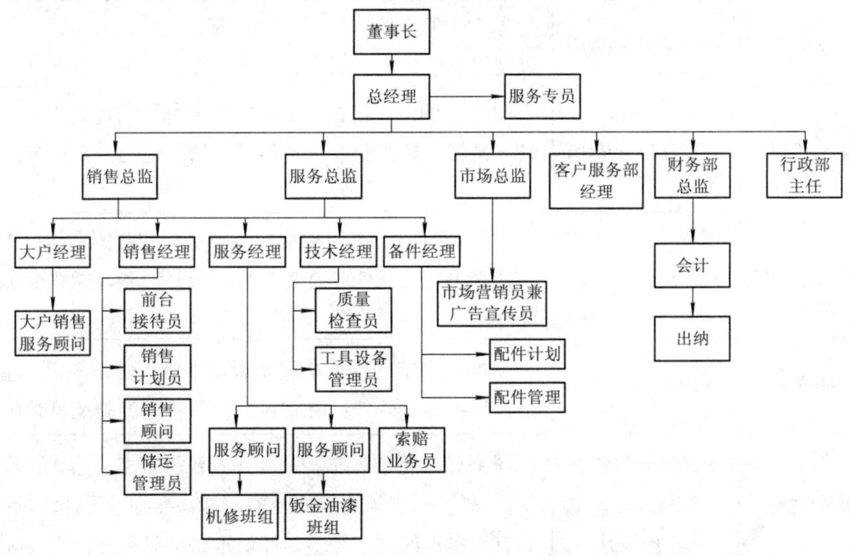


图 1-2-1　某 4S 店组织机构框架

**2. 汽车 4S 店岗位要求**

(1) 人员设置要求。

① 销售顾问。销售顾问负责每年销售一定数量的新车；

② 服务顾问。服务顾问负责每天接待一定数量的客户；

③ 维修技师。维修技师负责每年维修一定时长的故障车辆；

④ 配件管理员。配件管理员负责每年销售一定金额的配件。

(2) 人员素质要求。

某品牌 4S 店对人员的具体要求见表 1-2-1。

**表 1-2-1 某品牌 4S 店人员要求**

| 序号 | 岗位 | 学历要求 | 能 力 要 求 |
|---|---|---|---|
| 1 | 总经理 | 本科及以上学历 | 具备优秀的领导能力和先进的管理理念；精通市场营销、财务管理等企管知识；对竞品车型十分了解、社会关系广泛 |
| 2 | 销售总监 | 本科及以上学历 | 有三年以上的销售管理经验及一定的组织、协调能力；精通专业知识，掌握企业管理、经济合同法等相关知识 |
| 3 | 销售计划员 | 大专及以上学历 | 有三年以上的销售管理经验及一定的组织、协调能力；能够熟练使用计算机办公软件等 |
| 4 | 销售顾问 | 大专及以上学历 | 有一定的销售经验；能够熟练使用计算机办公软件等 |
| 5 | 储运管理员 | 中专及以上学历 | 能够熟练使用计算机办公软件；具有一定的储运管理经验；具有一定的汽车构造基础知识；了解一定的维修常识和营销知识 |
| 6 | 信息管理员/<br>IT 信息员 | 大专及以上学历 | 了解基本的汽车维修知识及营销知识；能够熟练使用计算机办公软件等 |
| 7 | 市场总监<br>市场营销人员 | 大专及以上学历 | 掌握市场营销、广告、公关等相关知识；有良好的沟通及社交能力、活动策划能力、组织能力；有创新意识和开拓精神；有较强的语言表达能力；能及时跟踪行业动态及竞争对手动态 |
| 8 | 售后服务总监 | 大专及以上学历 | 掌握丰富的汽车维修知识、营销知识；有丰富的管理经验，以及组织能力和协调能力；能够使用相关计算机办公软件 |
| 9 | 服务经理 | 大专及以上学历 | 有一定的汽车维修知识；能够熟练使用计算机办公软件；有较丰富的管理经验及一定的组织协调能力；有较强的语言表达能力 |
| 10 | 技术主管 | 大专及以上学历 | 掌握较丰富的汽车构造知识及维修和营销常识；能够熟练使用计算机办公软件；有较丰富的维修经验，能够准确地判断故障原因 |
| 11 | 备件经理 | 大专及以上学历 | 掌握较丰富的汽车构造知识及维修和营销常识；能够熟练使用计算机办公软件；具有较丰富的管理经验及组织协调能力 |
| 12 | 服务顾问 | 汽车维修相关专业大专及以上学历 | 掌握较丰富的汽车构造知识及维修和营销常识；具有在汽车维修岗位 3～5 年的维修经验；能够熟练使用计算机办公软件；具有较丰富的维修经验，能够准确估算维修价格及维修时间 |

续表

| 序号 | 岗位 | 学历要求 | 能力要求 |
|---|---|---|---|
| 13 | 售后服务索赔员 | 大专及以上学历 | 从事汽车维修行业五年以上；能够熟练使用计算机办公软件；具有一定的损伤鉴定能力 |
| 14 | 内部培训师 | 大专以上学历 | 熟悉汽车构造及相关知识，具有较强的汽车维修技能；具有较强的语言表达能力；有驾驶执照，熟悉汽车驾驶 |
| 15 | 质量检查员 | 汽车专业大专及以上学历 | 掌握丰富的汽车维修知识和汽车理论知识；具有一定的组织能力、协调能力及管理经验；有驾驶执照，熟悉汽车驾驶 |
| 16 | 维修技术人员 | 大专及以上学历 | 有驾驶执照，熟悉汽车驾驶；具有一定的汽车理论知识、丰富的汽车维修经验 |
| 17 | 工具/资料管理员 | 大专及以上学历 | 具有文件资料管理知识；有一定的维修知识和汽车理论知识 |
| 18 | 配件管理员 | 大专及以上学历 | 能够熟练使用计算机办公软件；具有一定的汽车构造及维修常识；有一定的仓库管理经验 |
| 19 | 索赔件管理员 | 大专及以上学历 | 能够熟练使用计算机办公软件；具有一定的汽车构造及维修常识；有一定的仓库管理经验 |
| 20 | 财务总监 | 本科及以上学历 | 具有三年以上的财务管理经验及组织、协调和沟通能力；精通财务专业知识；掌握国家财务制度及税收法规；能够熟练使用计算机和各种办公设备，以及财务软件 |
| 21 | 会计员 | 大专及以上学历 | 具有三年以上的工作经验；能够熟练使用计算机相关办公软件 |
| 22 | 出纳员 | 大专及以上学历 | 具有三年以上的工作经验；具有财务会计及成本会计的工作经历；能够熟练使用计算机办公软件 |
| 23 | 综合管理部部长 | 大专及以上学历 | 具有较强组织、协调能力和综合分析能力，文化水平较好；能够熟练使用计算机办公软件；具有很强的责任心及敬业精神 |

## 二、汽车售后服务安全生产规程

### 1．作业须知

(1) 遵守安全操作规程，避免事故发生。

(2) 对于新能源汽车来说，防止电气事故的发生更为重要。电气事故主要分为人身事故和设备事故，应在作业现场张贴安全预警图，如图 1-2-2 所示。

图 1-2-2　安全预警图

**2．事故因素**

(1) 违章操作。如带电移动电器设备，检修有高压电容的线路时未进行放电处理，导致触电。

(2) 施工不规范。如随意加大保险丝的规格，失去短路保护作用，导致电器损坏；施工中未对电气设备进行接地保护处理。

(3) 产品质量不合格。如带电作业时，使用不合格的工具或绝缘设施，造成维修人员触电。

**3．工作着装**

(1) 绝缘服。为防止事故的发生，工作服必须结实、合身，以便于工作。为防止工作时损坏汽车，不要暴露工作服的带子、扣、纽扣；防止受伤或烧伤的安全措施是不要裸露皮肤，高压系统作业时着绝缘服，如图 1-2-3 所示。

(2) 工作鞋。工作时要穿安全鞋，拆除及安装高压部件时要穿绝缘鞋。

(3) 工作手套。提升重的物体或拆卸热的排气管或类似的物体时，建议戴上手套，拆除及安装高压部件时佩戴绝缘手套，如图 1-2-4 所示。

图 1-2-3　绝缘帽、护目镜和绝缘服

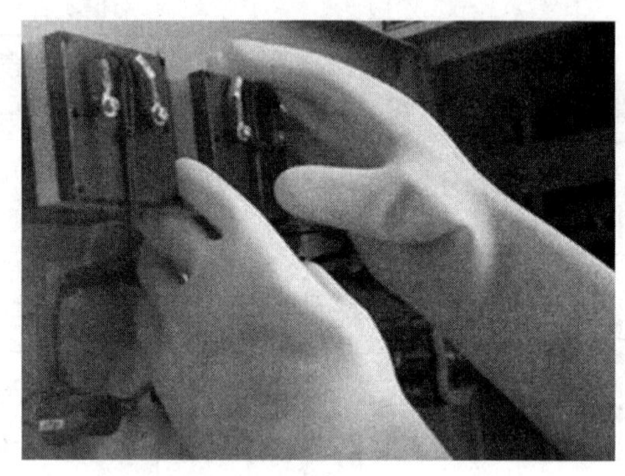

图 1-2-4　佩戴绝缘手套

**4．车间内要求**

(1) 始终保持工作场地干净，避免人员受到伤害。

① 要把工具或零件放置在正确的位置，不要放置在可能妨碍人员行进的地方。

② 如果燃油、机油或者润滑脂飞溅到地面，应立即清理干净，防止人员滑倒，如图 1-2-5 所示。

图 1-2-5　保持车间地面整洁

③ 操作姿势规范。规范的操作不仅可以提高工作效率，而且可以在一定程度上避免伤害。

④ 搬运沉重的物体时也要采取保护措施。只能举升和搬运那些在个人能力范围内的重物，对搬运物品的尺寸和质量没有把握时，应找人帮忙。体积很小、很紧凑的零部件有时也很重，或者不好平衡。在举升和搬运物品前，先要考虑如何进行举升和搬运。

⑤ 从一个工作地点转移到另外一个工作地点时，一定要走指定的通道。

⑥ 不要在开关、配电盘或电机等附近使用可燃物，因为它们容易产生火花，可能造成火灾。

(2) 使用工具时，遵守相关预防措施，防止发生伤害，如图 1-2-6 所示。

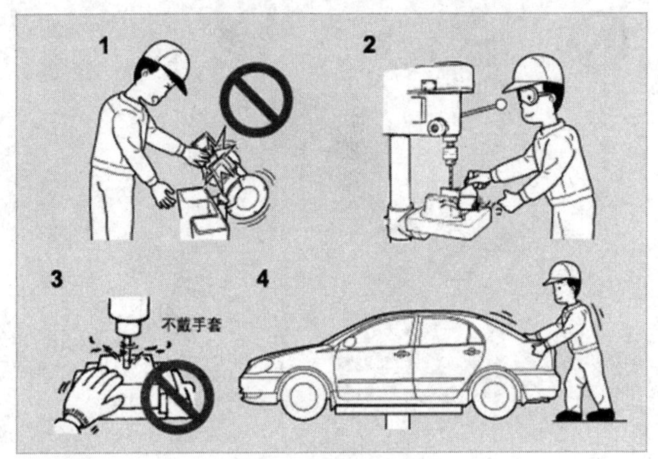


图 1-2-6　正确使用工具

① 不正确地使用电气、液压和气动设备，会导致严重的伤害。

② 使用产生碎片的工具前，应戴好护目镜。

③ 使用过砂光机和钻孔机一类的工具后，应清除粉尘和碎片。

④ 操作旋转的工具或者工作在一个有旋转运动的地方时，不要戴手套。

⑤ 用举升机升起车辆时，先提升到轮胎稍微离开地面处，确认车辆牢固地支撑在举升机上，完全升起后不要摇晃车辆。

### 5．防火

(1) 必须采取相关措施来预防火灾。

① 熟悉操作场所灭火器放置的位置，定期培训灭火器使用方法。

② 不要在非吸烟区吸烟，吸烟后确认香烟熄灭。吸烟区警示如图 1-2-7 所示。

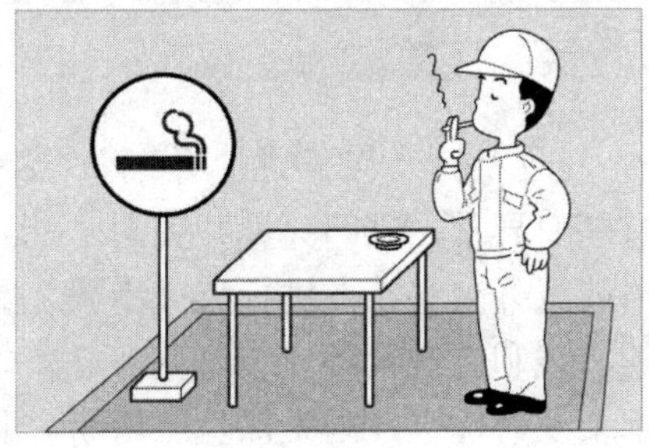

图 1-2-7　吸烟区警示

(2) 为了防止火灾和事故的发生，在易燃品附近应严格遵照相关预防措施，如图 1-2-8 所示。

① 为防止自燃，沾有机油、润滑脂或油漆的抹布要存放在符合标准的容器中。

② 在机油存储地或可燃的零件清洗剂附近，不要使用明火。

③ 蓄电池充电时，不要在附近使用明火或产生火花。

④ 在必要时，使用能够密封的容器将燃油或清洗溶剂携带到车间。

⑤ 将可燃性废机油或汽油倒入一个合适的容器内，集中统一处理。

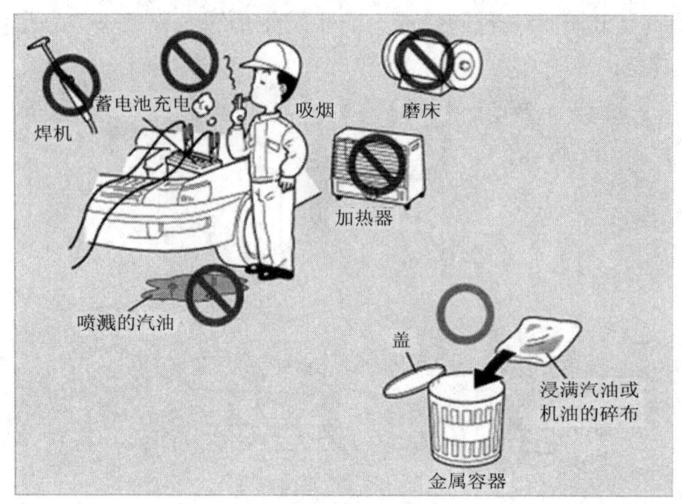


图 1-2-8 防火提示

⑥ 在燃油泄露的车辆没有修好之前，不要启动该车辆；修理燃油供给系统时，应当断开蓄电池负极电缆，防止发动机被意外启动。

### 6. 电气设备安全措施

正确使用电气设备，避免发生短路和火灾，如图 1-2-9 所示。学会正确使用电气设备，并认真遵守以下防护措施。

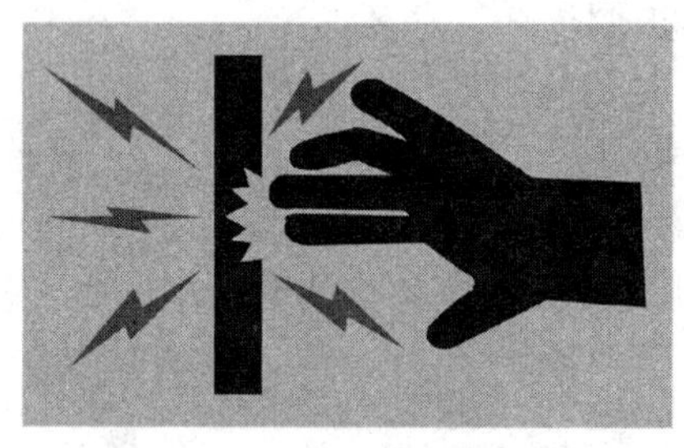

图 1-2-9 电气设备事故警示

(1) 如果发现电气设备有任何异常，立即关掉开关。

(2) 如果电路中发生短路或意外火灾，在进行灭火步骤之前首先关掉开关。

(3) 向上级报告不正确的布线和电气设备安装。

(4) 有任何保险丝熔断都要及时检查，因为保险丝熔断说明有某种电气故障。

(5) 千万不要尝试如图 1-2-10 所示的危险行为。

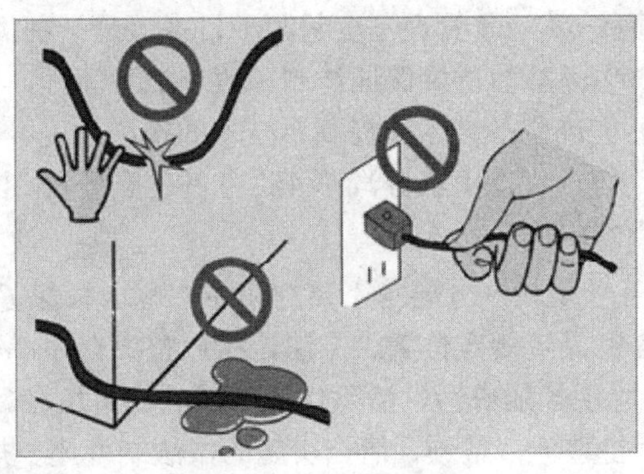

图 1-2-10　危险行为

① 不要靠近断裂或摇晃的电线；
② 不要用水冲洗或用湿布擦拭电气设备；
③ 不要触摸标有“发生故障”的开关；
④ 拔下插头时，不要拉电线，而应拔插头本身；
⑤ 不要让电缆通过潮湿或浸有油的地方，通过炽热的表面或者尖角附近；
⑥ 不要在开关、配电盘或马达等易产生火花的物体附近使用易燃物。

**7. 危险预警**

如果遇到如图 1-2-11 所示的情况之一，则必须采取如下措施：
(1) 将情况汇报给上级；
(2) 记录事情发生的经过；
(3) 让每个人慎重对待这个问题；
(4) 让每个人考虑应当采取的对策；
(5) 记录以上的一切并将清单放置在每个人都能够看得到的地方。

**险情报告事例**

1. 脱开或将要脱开
2. 撞上或将要撞上
3. 夹住或将要夹住
4. 卡住或将要卡住
5. 跌倒或将要跌倒
6. 提升工具断裂或将要断裂
7. 爆炸或将要爆炸
8. 被电击或将要被电击
9. 起火或将要起火
10. 其他险情

图 1-2-11　危情报告事例图

## 三、汽车 4S 店的 6S 管理制度

整理(Seiri)、整顿(Seiton)、清扫(Seiso)、清洁(Seiketsu)、素养(Shitsuke)、安全(Security)

六个词首字母均为S，简称6S。6S管理制度起源于日本，是一种优秀的现场管理技术。

为了建立使顾客100%满意的质量保证体制，改进业务流程，削减库存，遵守交期，强化成本竞争力，积累并提高生产技术，提高新技术的推广速度，提高人才素养和环境安全以及构筑企业文化基础等，现在大部分汽车4S店正在推行6S工作管理机制。

### 1. 6S管理制度的内容

(1) 整理(Seiri)。在工作现场区分要与不要的物品，现场只保留必需物品。

(2) 整顿(Seiton)。必需品依规定位置、方法，摆放整齐有序，明确标示。

(3) 清扫(Seiso)。清除现场的脏污，清除作业区域的物料垃圾。

(4) 清洁(Seiketsu)。将整理、整顿、清扫实施的做法制度化、规范化，维持其成果。

(5) 素养(Shitsuke)。人人按章操作、依规行事，养成良好的工作习惯。

(6) 安全(Security)。重视成员安全教育，每时每刻都要树立安全第一的观念，防患于未然。

### 2. 6S管理制度的要求

(1) 仪表及礼仪规范。统一规范的着装要求，良好的坐姿、站姿，电话礼仪，整洁、明亮、大方、舒适的接待环境。

(2) 办公场所整洁。台面整洁，文具单一化管理，公用设施、设备责任人贴有标识。

(3) 生产工具管理有效。采用单一化管理，简洁实用。

(4) 场地管理有序。分区画线，员工工作井然有序，工作环境清洁明亮。

(5) 工作速度快、效率高。最佳的速度和零不良率。

(6) 空间效率。对现场分区画线，对各场地的利用率予以分析，增加有限空间的利用价值。

(7) 小组督导严明。上班前，经理、班组长对员工进行检查督导；工作过程中，对发现的问题及时开展小组督导；下班前，对全天的工作进行总结。

(8) 工作评估。自我评估与综合考核评价相结合。

### 3. 6S管理制度的作业技术

(1) 整理(Seiri)。

目的：确定某种项目是否需要，不需要的项目应立即丢弃，以便有效利用空间。

内容：

① 按照必要性，组织和利用所有的资源，包括工具、零件或信息等；

② 在工作场地指定一处地方来放置所有不必要的物品；

③ 工具使用后，按规定放置到合理的位置；

④ 注意高空作业的安全；

⑤ 重点查看窗户、通道天棚、柱子、管路线路、灯泡、开关、台架、更衣室、外壳、盖板的脱落或破损以及安全支架和扶手的损坏等情况；

⑥ 采取措施彻底解决上述部位长锈、脱落或杂乱等问题。

(2) 整顿(Seiton)。

目的：方便零件和工具的使用，节约时间。

内容：

① 物品摆放要有固定的地点和区域，以便于寻找，消除因混放而造成的差错；

② 物品摆放地点要科学合理，例如根据物品使用频率，经常使用的物品应放在作业区内，偶尔使用或不常使用的则应集中放在车间某处；

③ 物品摆放目视化，使定量装载的物品做到过目知数，摆放不同物品的区域采用不同的色彩和标记加以区别；

④ 为了补充库存，对物品达到最低库存量时的订货起点要明确标示或用明显颜色区别；

⑤ 搬运要用适合物品的专用台车，通用零件和专用零件要分别搬运，使用容易移动和容易作业的台车。

(3) 清扫(Seiso)。

目的：清除工作场所的脏污，使设备始终处于完全正常的状态，以便随时可以使用。

内容：

① 自己使用的物品，如设备、工具等，要自己清扫，不增加专门的清洁人员；

② 对设备的清扫应着眼于维护保养，清扫设备要与设备的点检结合起来，清扫即点检，同时做设备的润滑工作，清扫也是保养；

③ 清扫也是为了改善，当清扫地面发现有飞屑和油水泄漏时，要查明原因，并采取措施加以改进。

(4) 清洁(Seiketsu)。

目的：保持整理、整顿和清扫状态，防止任何可能问题的发生。

内容：

① 车间环境不仅要整齐，而且要做到清洁卫生，保证工人身体健康，提高工人劳动热情；

② 不仅物品要清洁，工人本身也要做到清洁，如工作服要清洁，仪表要整洁，及时理发、刮须、修指甲、洗澡等；

③ 工人不仅要做到形体上的清洁，而且要做到精神上的“清洁”，待人要讲礼貌，要尊重别人；

④ 要使环境不受污染，进一步消除浑浊的空气、粉尘、噪音和污染源。

(5) 素养(Shitsuke)。

目的：通过培训等措施使员工具备优良意识和良好习惯，成为自豪的员工。

内容：

① 自律形成文化基础，这是确保与社会协调一致的最起码的要求；

② 自律是学习规章制度方面的培训；

③ 组织全员参加活动；

④ 每个人都要养成对自己的行为负责的品质；

⑤ 以语言表示，每天行动，发现不好的习惯立即纠正，这样就能养成良好的工作习惯，形成有纪律的组织；

⑥ 集中全员的力量达成共识，便可发挥更大的力量。

(6) 安全(Security)。

目的：建立起安全生产的环境，所有的工作应建立在安全的前提下。

内容：

① 加强员工安全教育，提高其安全作业意识；

② 通道保持畅通，员工养成认真负责的习惯，以使生产及非生产事故减少。

**4．6S 管理的推进**

首先，汽车维修企业的管理人员要明确 6S 管理的内容，了解 6S 管理的方针及要点，企业领导要予以充分重视。

其次，要针对 6S 管理的意义、操作方法的要求对全体员工进行培训与教育。

第三，企业管理人员要制定 6S 管理要达到的目标：零事故、零缺陷、零投诉；提高维修保养质量，降低返修率；持续不断地贯彻 6S 管理，使企业真正达到 ISO 9001 认证标准，而不仅仅是为了通过认证而走形式。

第四，选择示范单位或部门，率先实施 6S 管理。在有代表性的部门中选择一至二个部门进行试点，树立样板，然后再推行到企业的每个部门。

第五，跟踪检查。经过一阶段的推进后，由企业高层主管、各部门负责人巡回检查，发现问题及时监督查办，直至最后达到要求。

目前我国已有许多汽车维修企业实行了 6S 现场管理制度，这些企业不仅管理水平有了提升，而且也深切体会到了推行 6S 现场管理制度为企业带来的显著效益。

## 四、汽车 4S 店售后服务流程

汽车维修服务顾问是企业与客户之间的桥梁，其业务水平是衡量汽车维修企业好坏的直接标准，将直接影响客户对企业的信任度。汽车维修服务顾问代表企业的形象，影响企业的收益，反映企业技术管理的整体素质，是汽车维修企业中一个重要的岗位。

汽车服务企业通过实施服务流程，能够体现企业以“顾客为中心”的服务理念；展现品牌服务特色与战略；让客户充分体会有形化服务的特色，提升客户的忠诚度；同时透过核心流程的优化作业，提升客户满意度，并提升服务效益。汽车 4S 店售后服务流程一般包括以下几个方面的内容，如图 1-2-12 所示。

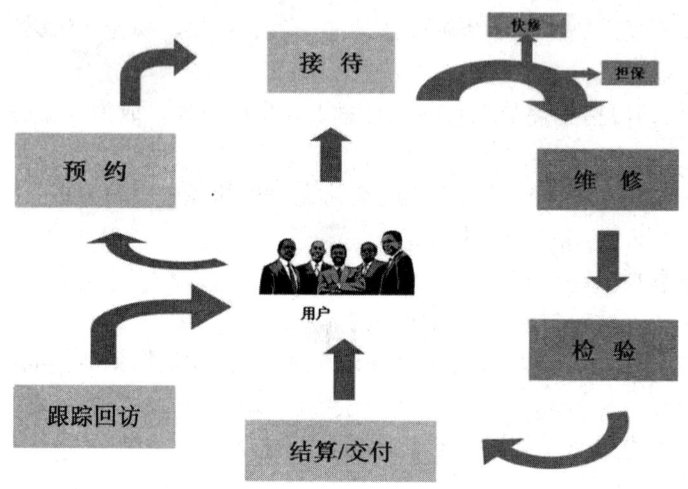


图 1-2-12 4S 店售后服务流程

**1．预约**

通过服务商提供的预约维修服务，在客户到来之前对车辆进行初步诊断，约定维修时间并对维修做充分的准备，可以减少客户在维修过程中的非维修等待时间，同时避免缺少备件的情况发生，使客户的车辆得到迅速、优质的维修，进而提高客户满意度和忠诚度。预约的具体内容及要求见表 1-2-2。

### 2. 接待

对预约的客户或者非预约的客户都要表示欢迎，不要让非预约的客户觉得不被重视。接待的具体内容及要求见表 1-2-3。

**表 1-2-2　预约的具体内容及要求**

| | |
|---|---|
| 内容 | (1) 接听客户预约电话并详细记录相关信息；<br>(2) 通过电话进行初步诊断或制定解决方案；<br>(3) 和客户约定维修时间；<br>(4) 按照预约要求进行准备工作(备件、专家、技工和工位、设备/工具、资料等)；<br>(5) 确保预约工作的正常开展 |
| 要求 | (1) 电话随时有人接听；<br>(2) 记录所有需要的信息和客户对故障的描述；<br>(3) 进行初步诊断，必要时向技术专家求助；<br>(4) 告知用户初步解决方案以及所需的大概费用和时间；<br>(5) 根据客户要求和车间能力约定维修时间；<br>(6) 及时确定是否索赔和库存情况，并告知用户；<br>(7) 备件部门设立专用货架存放备件；<br>(8) 由于其他原因不能履行预约时，及时通知客户并另约时间；<br>(9) 提前一天和一小时确认各项准备工作和客户履约的情况 |
| 不当行为 | (1) 电话铃响三声之后无人接听或长期占线；<br>(2) 信息或故障描述记录不全；<br>(3) 不按车间维修能力安排预约；<br>(4) 预约情况不及时通知有关部门和人员；<br>(5) 备件部门没有为预约客户预留备件，车间未预留工位；<br>(6) 相关准备工作不充分；<br>(7) 客户已经到店才通知不能履约；<br>(8) 客户到店时，负责接待的人员不在场 |

**表 1-2-3　接待的具体内容及要求**

| | |
|---|---|
| 内容 | (1) 见到顾客到来，服务顾问应立即起身带上工作工具，向用户欢迎致意后引导顾客把车停放到位，做好车辆防护(如座套、把套等)；<br>(2) 简短问明来意后向用户取得车辆保养手册；<br>(3) 与用户一起做环车检查并做好记录，环车检查的位置图及内容如图 1-2-13 所示；<br>(4) 倾听客户对故障的描述(如果有)，与客户一起系统地检查车辆；<br>(5) 请客户落座，录入基本资料，制定维修项目，估算维修价格并约定交车时间；<br>(6) 提供维修建议，与客户一同达成维修协议，完成任务委托书；<br>(7) 安排客户休息等候或离开(提供服务替换车) |

续表

| | |
|---|---|
| 要求 | (1) 确保预约准备工作符合要求；<br>(2) 准时等候预约客户的到来；<br>(3) 用礼貌的语言欢迎客户并作自我介绍；<br>(4) 仔细倾听客户关于车辆故障的描述；<br>(5) 使用检查单检查客户的车辆；<br>(6) 服务顾问应该亲自进行故障判断，并指出客户未发现的故障，必要时使用预检工位并向技术专家求助；<br>(7) 记录车辆外观和车上设备、里程等情况；<br>(8) 整理客户的要求并根据故障原因制定维修项目；<br>(9) 仔细、认真、完整地填写任务委托书；<br>(10) 向客户解释维修任务委托书的内容和所需的工作；<br>(11) 向客户提供维修的报价并约定交车时间；<br>(12) 当着客户的面使用保护装置；<br>(13) 妥善保管车辆钥匙、相关资料；<br>(14) 安排客户离开或休息等候 |
| 不当行为 | (1) 预约准备不充分；<br>(2) 预约客户到来时不在场；<br>(3) 没有仔细倾听客户的描述；<br>(4) 没有系统地检查客户车辆；<br>(5) 任务委托书填写不全、字迹潦草；<br>(6) 不向客户解释委托书内容；<br>(7) 不提供报价或报价不准；<br>(8) 不约定交车时间；<br>(9) 不使用保护装置 |

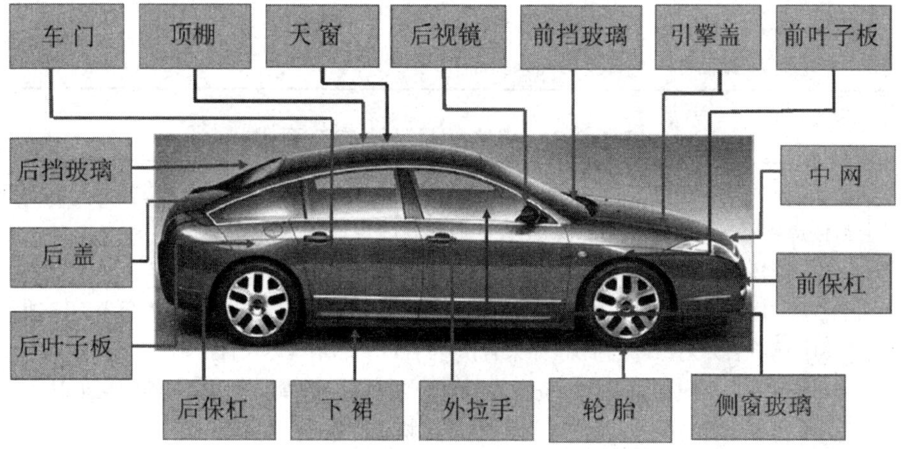


图 1-2-13 环车检查的位置图及内容

### 3. 维修

维修是对客户的车辆进行检查并维修，以消除故障，相关具体内容见表 1-2-4。

表 1-2-4　维修的具体内容

| | |
|---|---|
| 内容 | (1) 班组技工接到任务后，根据任务委托书的维修项目进行维修工作；进一步确认故障现象，必要时进行路试；<br>(2) 技术专家对技工遇到的技术难题给予帮助；<br>(3) 车间技工根据修理项目，到备件部门领取备件并履行相关手续；如没有所需备品，班组技工要及时填写(调件申请单)转给配件加急调配，期间通知用户；<br>(4) 根据索赔规定，班组技工向鉴定员确定是否索赔，并及时向用户说明情况；<br>(5) 作业进度发生变化时，班组技师应及时报告车间调度并出面协调；<br>(6) 向客户通报任何对委托书的变更(项目、价格、交车时间)；<br>(7) 非工作需要不得进入车内且不能开动顾客车上的电气设备；<br>(8) 完工后车间技工先进行自检，再交检验人员检验 |
| 要求 | (1) 严格按照维修任务委托书的修理项目进行修理；<br>(2) 服务接待反馈的问题(如增减项目等)，要重新估算价格和时间，得到客户签字确认后，更改委托书并通知车间技工；<br>(3) 车间技工在工作过程中按照维修手册的要求操作；<br>(4) 按照要求使用专用工具和检测仪器；<br>(5) 使用维修资料进行维修；<br>(6) 服务调度监控维修进程，将变化情况及时通知客户；<br>(7) 根据故障诊断领取备件；<br>(8) 主动为客户处理一些小的故障；<br>(9) 爱护客户的财产，工作中使用保护装置；<br>(10) 遵守安全生产的有关规定；<br>(11) 遇到技术难题向技术专家求助；<br>(12) 确认所有工作完成后，进行严格自检；<br>(13) 完成委托书的维修报告等内容并签字 |
| 不当行为 | (1) 车间技工不按委托书的内容进行工作；<br>(2) 擅自修改委托书内容；<br>(3) 发现问题不报告；<br>(4) 不按照维修手册的要求进行操作；<br>(5) 不使用专用工具和检测仪器；<br>(6) 诊断和工作时不使用维修资料；<br>(7) 服务调度不了解生产进程；<br>(8) 不爱护客户财产，不使用保护装置；<br>(9) 遇到困难不向有关人员求助；<br>(10) 车间技工完工后不进行自检；<br>(11) 车间技工不写维修报告、不签字 |

### 4. 检验

检验是对维修质量进行检查，相关具体内容见表 1-2-5。

表 1-2-5 检验的具体内容

| | |
|---|---|
| 内容 | (1) 审核维修任务委托书的工作是否全部完成；<br>(2) 维修技师作业完成后先进行自检；<br>(3) 自检完再交班组长检验；<br>(4) 交质检员检验；<br>(5) 通知用户进行必要的路试，以发现静态条件下无法发现的故障；<br>(6) 对检验不合格的维修项目按照要求进行处理；<br>(7) 确认从车辆换下来的旧件；<br>(8) 说明车辆维修建议及车辆使用注意事项；<br>(9) 提醒用户下次保养的时间和里程；<br>(10) 当着用户的面取下保护套；<br>(11) 收集各种维修单据，确认维修的项目，计算出维修工时费用 |
| 要求 | (1) 审核维修委托书，确保所有要求的工作全部完成；<br>(2) 按照检验规范进行检验；<br>(3) 必要时要求用户和主修技工一同进行路试；<br>(4) 对检验过程中发现的问题进行评估，告知服务质检员，由服务质检员与客户协商；<br>(5) 发现的任何问题都要记录在委托书上；<br>(6) 使用质量保证卡 |
| 不当行为 | (1) 维修委托书上有未完成的工作；<br>(2) 不按规定进行检验；<br>(3) 检验不合格的车辆不进行处理；<br>(4) 检验中发现的问题不向质检员报告；<br>(5) 需维修但未修理的项目不记录 |

### 5. 结算/交付

结算/交付是完成车辆维修后的费用结算，并交付车辆，相关具体内容见表 1-2-6。

表 1-2-6 结算/交付的具体内容

| | |
|---|---|
| 内容 | (1) 由服务接待引导顾客到服务前台，请顾客坐下；<br>(2) 询问用户的付款方式并向用户说明公司接受的付款方式；<br>(3) 审核维修委托书和领料单，确保结算准确；<br>(4) 财务人员不要试图向顾客解释维修内容，由服务接待对所维修的项目和收取的费用给出解释；<br>(5) 根据委托单上的“建议维修项目”向用户说明是推荐的，特别是有关安全的项目，要向用户说明必须维修的原因及不修复可能带来的严重后果，若用户不同意修复，要请用户注明并签字；<br>(6) 对于首保顾客，说明首次保养是免费项目，并介绍保修规定和定期维护保养的重要性；<br>(7) 将下次保养的时间和里程记录在结算单上，并提醒顾客留意； |

续表

| | |
|---|---|
| 内容 | (8) 与顾客确认方便接听服务质量跟踪电话的时间并记录在结算单上；<br>(9) 收银员将结算清单、零钱及出门证叠放好，双手递给顾客；<br>(10) 收银员感谢顾客的光临，与顾客道别；<br>(11) 服务接待将能随时与服务站取得联系的方法(电话)告知顾客；<br>(12) 询问用户是否需要其他服务；<br>(13) 交付车辆并与客户道别 |
| 要求 | (1) 确保所有进行的工作和备件都列在结算单上；<br>(2) 确保结算和向客户的报价一致；<br>(3) 使用公示的工时和备件价格进行结算；<br>(4) 确保所有客户需要的资料都已准备好；<br>(5) 向客户解释完成的工作和发票的内容；<br>(6) 陪同或引导客户交款；<br>(7) 向客户出示旧件并询问处理意见；<br>(8) 提示下次保养的时间里程；<br>(9) 指出额外需要进行的工作，并咨询客户意见；<br>(10) 需立即进行的工作，客户如不修理，应在委托书上注明并请客户签字；<br>(11) 告知顾客有些零件的剩余使用寿命(轮胎、刹车片)；<br>(12) 将所有单据交客户一份副本；<br>(13) 取下保护用品，开出门证，送别客户 |
| 不当行为 | (1) 结算时项目不完整；<br>(2) 结算价格与报价不一致；<br>(3) 不按公示的价格进行结算；<br>(4) 不和客户检查车辆；<br>(5) 没指出需额外进行的工作；<br>(6) 需立即进行修理的项目特别是涉及安全的项目，不做记录且没有请客户签字；<br>(7) 没有送别客户 |

### 6. 跟踪回访

跟踪回访是对客户进行跟踪回访，以了解服务过程的质量，相关具体内容见表 1-2-7。

**表 1-2-7　回访的具体内容**

| | |
|---|---|
| 内容 | (1) 在维修车辆交付一周内对客户进行跟踪回访；<br>(2) 记录跟踪回访结果；<br>(3) 对跟踪回访结果进行统计分析；<br>(4) 对回访中发现的客户抱怨进行判断并传达到相关部门；<br>(5) 通过各种措施维护客户关系 |

续表

| | |
|---|---|
| 要求 | (1) 争取对所有的客户进行跟踪回访；<br>(2) 全面、客观地记录与客户的谈话；<br>(3) 利用掌握的接听电话的技巧和沟通技巧；<br>(4) 定期对回访的结果进行统计分析；<br>(5) 从统计分析结果中查找问题和失误的原因；<br>(6) 售后业务经理制定预防和纠正措施；<br>(7) 对回访中发现的客户抱怨进行分类，交由有关人员制定处理措施并督促执行；<br>(8) 根据回访结果完成回访分析报告并向上级汇报；<br>(9) 运用多种手段开展客户关系管理 |
| 不当行为 | (1) 较低的回访比例；<br>(2) 只记录满意的意见，不记录不满意的意见；<br>(3) 不使用接听电话技巧和沟通技巧；<br>(4) 不对回访结果进行分析；<br>(5) 不制定预防和纠正措施；<br>(6) 发现抱怨不进行处理；<br>(7) 没有回访分析报告；<br>(8) 客户关系管理手段单一 |

## 五、汽车维修服务顾问的技能素质要求

### 1. 良好的语言表达能力

良好的语言表达能力是实现与客户沟通的必要技能和技巧。

### 2. 丰富的行业知识及经验

丰富的行业知识及经验是解决客户问题的必备“武器”，不管做哪个行业都需要具备专业知识和经验。不仅要能跟客户有效沟通，而且要成为产品专家，能够回答客户提出的问题。如果服务顾问不能成为专业人才，有些问题可能就解决不了，也就没有办法帮助客户解决实际问题。因此，服务顾问要有很丰富的行业知识和经验。

(1) 熟练的专业技能。熟练的专业技能是客户服务人员的必修课，每个服务顾问都需要学习多方面的专业技能。

(2) 优雅的形体语言表达技巧。掌握优雅的形体语言表达技巧，能体现出服务顾问的专业素质。优雅的形体语言表达技巧指的是气质，内在的气质会通过外在形象表露出来。举手投足、说话方式、笑容，都能体现服务顾问是否足够专业。

(3) 具备洞察客户心理活动的能力。

### 3. 思维敏捷

思维敏捷，并且具备洞察客户心理活动的能力是做好客户服务工作的关键所在，所以服务顾问需要具备这方面的技巧。思维要敏捷，要能洞察顾客的心理活动，这也是对服务顾问技能素质的起码要求。

(1) 具备良好的人际关系沟通能力。服务顾问具备良好的人际关系沟通能力，与客户

之间的交往会变得更顺畅。

(2) 具备专业的客户服务电话接听技巧。专业的客户服务电话接听技巧是业务接待员的另一项重要技能，服务顾问必须掌握接听客户服务电话和向客户提问的技巧。

(3) 良好的倾听能力。良好的倾听能力是实现与客户沟通的必要保障。与客户交谈时应“说三分，听七分”，学会倾听，善于倾听，应借助目光、体态与客户产生互动。只有互动式的倾听才能真正实现与客户的有效沟通。

## 六、汽车维修服务顾问的综合素质要求

### 1. “客户至上”的服务理念

“客户至上”的服务理念要始终贯穿于客户服务工作的全过程。

### 2. 独立处理工作的能力

优秀的服务顾问必须能够独当一面，具备独立处理工作的能力。一般来说，企业都要求服务顾问能够独当一面，也就是说，能自己妥善处理客户服务中的棘手问题。

### 3. 分析解决各种问题的能力

优秀的服务顾问不但需要做好客户服务工作，还要善于思考，提出工作的合理化建议，有分析解决问题的能力，能够帮助客户分析解决一些实际问题。

### 4. 协调人际关系的能力

优秀的服务顾问不但要做好客户服务工作，还要善于协调与同事之间的关系，以达到提高工作效率的目的。协调人际关系的能力是指在客户服务部门中，协调好与同事间的关系，若同事之间关系紧张，会直接影响客户服务工作的效果。

## 七、汽车维修服务顾问礼仪规范

### 1. 仪表端庄、整洁

(1) 按季节统一着装，要求整洁、得体、大方。

(2) 衬衫平整、干净，领子与袖口不能有污渍。

(3) 穿西服应佩戴领带，并注意颜色相配；领带不得有污渍、破损或歪斜松弛。

(4) 胸卡佩戴在左胸位置，卡面保持整洁、清晰。

(5) 穿西服可以不扣纽扣，如果扣，应使用正确的扣法；正确的扣法是只扣上边一粒，下边则不扣。

(6) 胸部口袋只是装饰，不能装东西，如遇隆重场合，仅可装作为胸饰的小花等；其他口袋也不可装太多东西，如果外观鼓鼓囊囊，会很不雅观。

(7) 穿深色皮鞋，每日擦亮，不穿破损、带钉和异形的鞋。

(8) 工作期间不宜穿大衣或过分臃肿的服装。

(9) 女性服务顾问着装应淡雅得体，不可过分华丽。

### 2. 仪容洁净、自然

(1) 头发干净整齐，让所有的客户都有一个好印象。作为服务中心的一员，应当保持合适的发型。头发要经常清洗，保持清洁，发型要普通，不能染发。男性服务顾问不留长

发，女性服务顾问不留披肩发。

(2) 面部清洁，男性服务顾问应经常剃胡须，女性服务顾问要化淡妆，不能浓妆艳抹，不能用味道浓烈的香水。

(3) 指甲不能太长，要注意经常修剪。女性服务顾问不可留长指甲，不可做美甲，不可涂有色指甲油。

(4) 口腔保持清洁，上班前不喝酒、不吃有异味的食品。

### 3. 举止规范

(1) 握手。主动热情，表达诚意，但对女客户不可主动伸手，更不可双手握。

(2) 微笑。在任何情况下，对客户都要保持微笑。

(3) 打招呼。主动与客户打招呼，目光注视客户。

(4) 安全距离。与客户保持1米左右的距离。

(5) 作介绍。先介绍自己，后介绍与自己同行的其他工作人员。

(6) 指点方向。紧闭五指，指示方向，不可只伸一根或两根手指。

(7) 引路。在客人的左侧为其示意前进方向。

(8) 送客。在客人的右侧为其示意前进方向。

(9) 交换名片。双手接过客户名片，仔细收藏好，不可随意放在桌上；递送自己的名片时要双手送出，同时自报姓名。

## 八、服务顾问负责的车辆预检程序及技巧

### 1. 仔细倾听与问诊

汽车故障诊断都是由倾听与问诊开始，这也是诊断的第一步。服务顾问应该仔细倾听客户对车辆故障的描述，并在工作单上做好记录。

### 2. 认真检验

听完客户对故障的描述之后，还不能对这些现象轻易下诊断结论。因为绝大多数客户并不是专业人士，对于汽车本身的认识处于很粗浅的阶段，有时很难说清楚是哪个系统出了故障，也可能该“故障”对于某种车型来说并不一定是故障。这就需要接待人员从专业的角度对车辆进行检验，看是否像客户所说的那样、是否有新发现。因此，绝对不能为了图省事就不进行检验。如果全部照搬车主的叙述，直接制定工作单而不进行核实，就有可能使下一步的维修工作陷入误区。可见，检验往往是诊断出故障的关键。

### 3. 准确判断

有了问诊和检验作为基础，接下来就要根据前两步来对故障进行诊断并开维修委托单。大部分车主并非汽车专业人士，而作为专业的汽车维修接待人员要将车主的口头描述转化为专业文字，制定好维修委托单，以便车间的维修人员进行专业化维修作业。记录过程要防止出现文字叙述不清楚、记录不准确的情况，以免导致误诊或错诊，这就要求接待人员具有较系统的汽车维修理论知识和一定的维修经验。

注意：

当服务顾问了解到客户描述的“故障”并不是真正的故障时，不能欺骗客户，而要抱着专业诚信的态度向客户解释，给客户留下良好的印象，取得客户的信任。

## 【学习工作页】

<table>
<tr><td rowspan="2"></td><td rowspan="2">新能源汽车维护与保养</td><td colspan="2">项目一：新能源汽车维护概论</td></tr>
<tr><td colspan="2">任务二：汽车 4S 店</td></tr>
<tr><td>班级：</td><td>日期：</td><td>姓名：</td><td>学号：</td></tr>
</table>

任务描述：掌握维修接待流程

1. 填空题

(1) 汽车 4S 是指______、______、______、______。

(2) 汽车 4S 店总经理负责定期对公司的经营状况、______、______等进行评审。

(3) 销售总监根据厂家销售任务和本公司年度______、______，负责汇总编制年度销售计划。

(4) 服务总监具有对售后服务的生产________、________、_________，具有对公司投资、经营等活动的建议权。

(5) 6S 管理制度指的是______、______、______、______、______、______。

(6) 用升降机升起车辆时，初步提升到轮胎______，确认车辆牢固地支撑在______上，完全升起后，千万不要试图______，因为这样可能导致车辆跌落，造成车辆和人员的严重伤害。

(7) 车辆维护接待人员代表企业的_________、影响企业的_________、反映企业技术管理的_________，是汽车维修企业中一个重要的岗位。

(8) 汽车服务企业通过实施服务流程，能够体现企业以"______"的服务理念；展现品牌服务特色与战略；让客户充分体验有形化服务的特色，提升客户的______；同时透过核心流程的优化作业，提升客户满意度，并提升企业______。

(9) 售后服务流程一般包括以下几个方面的内容______、______、______、______、______、______。

2. 问答题

(1) 汽车 4S 店售后服务流程有哪些？

(2) 服务顾问负责的车辆预检程序是什么？

(3) 汽车 4S 店对汽车维护接待人员的基本素质要求有哪些？

# 任务三　新能源汽车维护工具与设备

**【学习目标】**

(1) 掌握电动汽车维护保养常规工具的使用和维护方法；
(2) 掌握电动汽车维护保养检测工具的使用和维护方法；
(3) 掌握电动汽车故障诊断仪的使用方法；
(4) 了解万用表的特殊功用。

**【任务载体】**

电动汽车维护保养工具。

**【相关知识】**

## 一、新能源汽车维护保养场地

新能源汽车维护保养场地要求通风良好，光线充足，地面平整宽敞，配备常用工具，气路、电路完整安全。另外，根据新能源汽车的高电压工作要求，新能源汽车维修保养场地还必须具备以下条件：

(1) 为避免对汽车电气电控设备的检测造成电磁干扰，维护场地周边不要放置大功率电器设备；

(2) 为保证操作中的绝对安全，场地工作区域的警示标牌、标线要清晰，隔离距离应在正常范围内；

(3) 车辆操作区域的地面应铺设绝缘垫，为确保工作安全，作业前应使用绝缘电阻测试仪进行绝缘性能检查；

(4) 配备电动汽车维护保养专用工具，见表1-3-1，工具安全防护等级应符合要求，外观、性能完好，摆放整洁有序；

(5) 车轮挡块、三件套、翼子板布护垫等基本维护作业材料应配备齐全。

**表1-3-1　新能源汽车常用维护保养工具**

| 序号 | 工具仪器名称 | 用途 | 序号 | 工具仪器名称 | 用途 |
|---|---|---|---|---|---|
| 1 | 故障诊断仪(BDS) | 读取故障码、数据流 | 7 | 护目镜 | 防止电弧烧伤眼睛 |
| 2 | 动力电池举升车 | 拆装托举电池 | 8 | 绝缘安全帽 | 防止碰撞及触电 |
| 3 | 绝缘拆装工具 | 高压部件拆装 | 9 | 高性能数字绝缘表 | 高低压电路及电器元件测试 |
| 4 | 绝缘手套 | 高压部件拆装 | 10 | 红外线温度仪 | 高压端子温度检测 |
| 5 | 绝缘垫 | 举升机地面绝缘 | 11 | 灭火器 | 火灾防范 |
| 6 | 放电工装 | 电路余电释放 | 12 | 高性能绝缘表 | 检测高压系统绝缘性能 |

## 二、新能源汽车常规维护设备的使用

### 1. 举升机

汽车举升机的作用是在汽车维修过程中举升汽车。操作时，先将汽车开到举升机工位，通过人工操作可使汽车举升一定的高度，便于进行车底盘的维修保养工作。

常见维修用汽车举升机有立柱式举升机(如图 1-3-1 所示)和剪式举升机(如图 1-3-2 所示)。电动汽车维修中还会用到动力电池举升机，用于动力电池的拆装，如图 1-3-3 所示。

图 1-3-1 立柱式举升机

图 1-3-2 剪式举升机

图 1-3-3 动力电池举升机

(1) 举升机的操作步骤。

上升操作：

① 调整四个垫块使其高度一致，并预放托臂；

② 举升至即将接触车辆时，放置托臂(对准支撑点)；

③ 再次举升，在稍稍接触车辆时，再次检查托臂；

④ 举升车辆至车轮刚离地面时，检查车辆的稳定性(在车前后轻轻晃动车辆)；

⑤ 举升至操作位置后停止，并加机械保险。

下降操作：

稍举升车辆，并解除保险。立柱式举升机的使用见图 1-3-4。

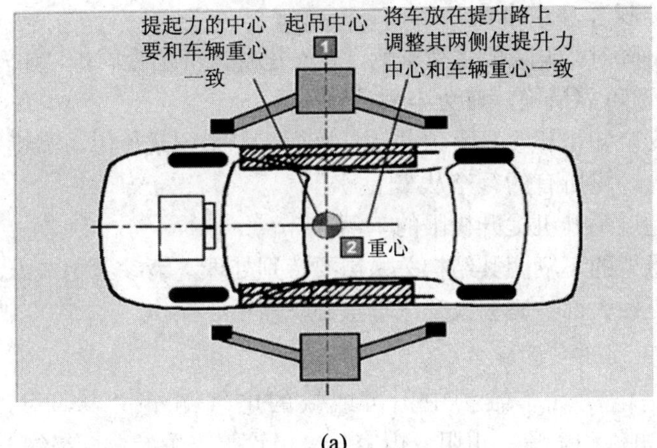


(a)

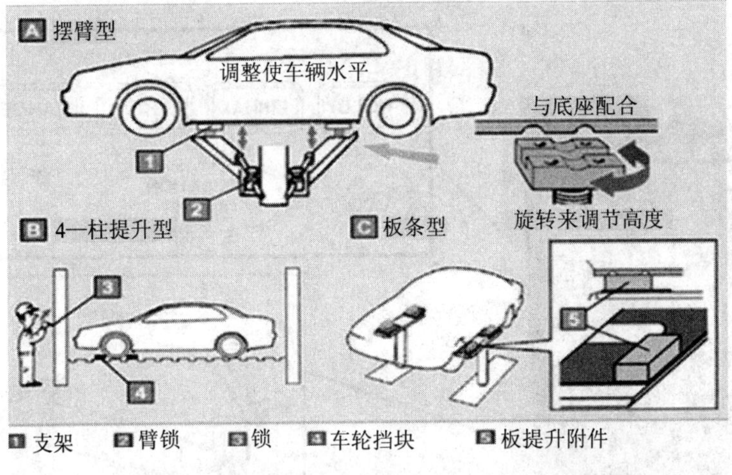


(b)

(c)

图 1-3-4　立柱式举升机的使用

(2) 举升机安全操作注意事项。

① 在上升或下降时，眼睛要注视车辆，观察左右托臂是否同步，如发现异常，应停止举升或下降，并采取可靠措施，避免车辆意外坠落；

② 掌握各项安全知识和注意事项并认真执行，严禁超载使用，需特别注意防止偏载；

③ 举升车辆前，将所有的行李从车上搬出；

④ 切勿提升超过举升机提升极限的车辆；

⑤ 带有空气悬架的车辆因其结构关系需要特别处理，请参考相关维修手册说明；

⑥ 在拆除或更换大部件时会改变汽车重心，需小心操作。

## 2. 绝缘万用表

绝缘万用表是电动汽车维护中不可或缺的电气测量仪表，可用于测量或测试AC/DC(交流/直流)电压和电流、电阻、电容、二极管等电量参数。绝缘万用表的结构如图1-3-5所示。

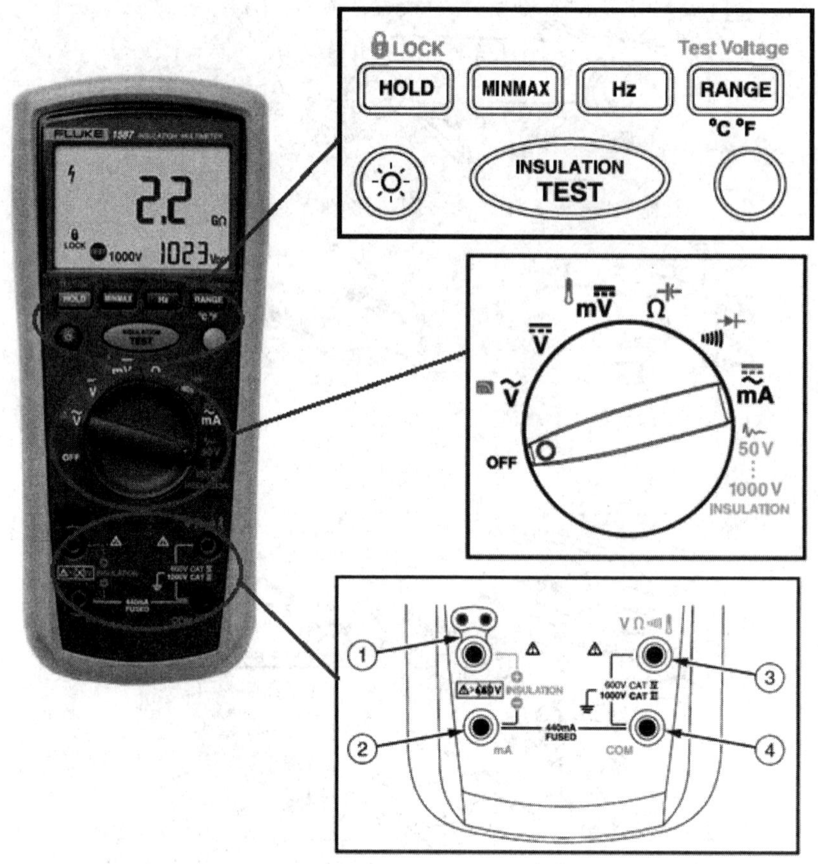


图 1-3-5　绝缘万用表结构

(1) 绝缘万用表的使用。

为了避免触电造成人身伤害，或损坏仪表，在测量电阻、导通性、二极管或电容之前，要断开电路电源并对所有高压电容器进行放电。绝缘万用表的使用如图1-3-6～1-3-8所示。

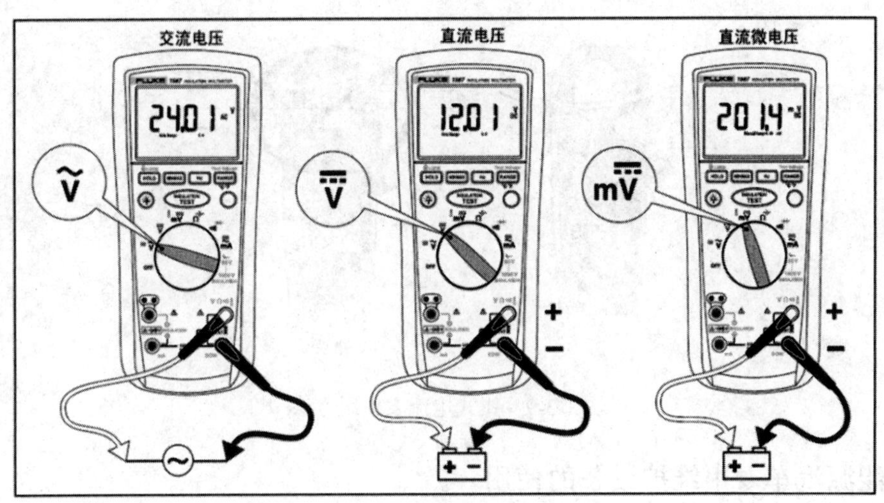


图 1-3-6　绝缘万用表测电压

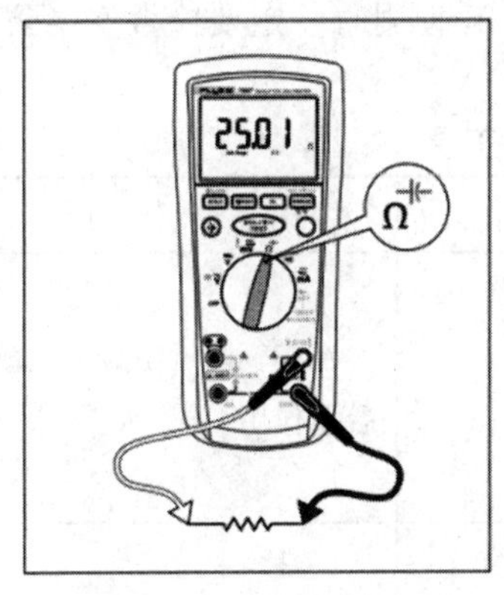


图 1-3-7　绝缘万用表测电阻

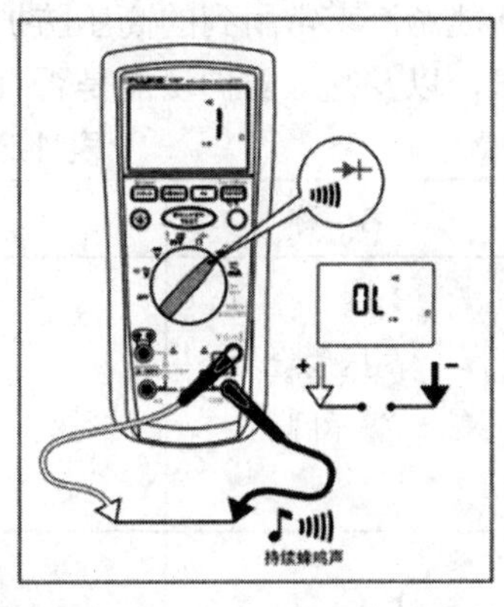


图 1-3-8　绝缘万用表测导通性

(2) 绝缘万用表安全操作注意事项。

① 用仪表测量时，选用正确的端子、开关位置和量程挡；

② 端子之间或任何一个端子与接地点之间施加的电压不能超过仪表上标明的额定值；

③ 出现电池低电量指示符(bat)时，应尽快更换电池；

④ 测试电阻、导通性、二极管或电容以前，必须先切断电源，并对所有的高压电容器进行放电；

⑤ 切勿在爆炸性的气体或蒸汽附近使用仪表，在危险的处所工作时，必须遵循当地及国家规定的安全要求。

### 3. 钳式电流表

钳式电流表又叫电流钳，是利用电流互感器原理制成的，分为指针式和数字式两种。

钳式电流表使用方法：按紧扳手，使钳口张开，将被测导线放入钳口中央，然后松开扳手并使钳口闭合紧密，以确保读数准确；读数后，将钳口张开，将被测导线取出，将挡位置于电流最高挡或 OFF 挡。需要注意的是，不可同时钳住两根导线。钳式电流表的使用方法如图 1-3-9 所示。

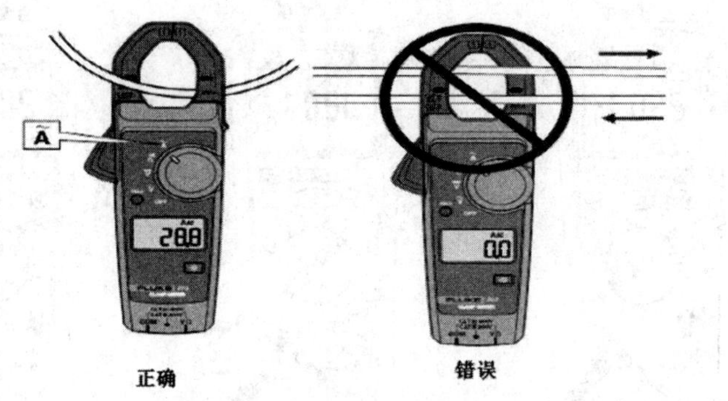


图 1-3-9　钳式电流表使用方法

## 三、新能源汽车专用维护设备的使用

### 1. 高压防护工具

维修新能源汽车常用到的高压防护工具见表 1-3-2，使用时一定要检查安全防护等级是否符合要求，以及绝缘防护功能是否有效。

表 1-3-2　高压防护工具

| 序号 | 名　称 | 图　例 | 作　用 |
|---|---|---|---|
| 1 | 高压危险警示牌 | | 在车辆附近明显位置放置，起到警示作用 |
| 2 | 绝缘手套 | | 拆装高压部件时使用，防止触电 |
| 3 | 绝缘鞋 | | |
| 4 | 高压安全帽 | | |
| 5 | 护目镜 | | 防止电弧伤害眼睛 |

续表

| 序号 | 名　称 | 图　例 | 作　用 |
| --- | --- | --- | --- |
| 6 | 绝缘拆装工具 |  | 拆装高压部件时使用，防止触电、电路短路 |
| 7 | 绝缘胶布 |  | 使用绝缘胶布覆盖高压电线、端子 |
| 8 | 绝缘工作台 |  | 防止高压器件带电、放电 |

## 2. 绝缘电阻测试仪

实时、定量地检测高压电气系统相对车辆底盘的电气绝缘性能，及时解决电动汽车绝缘故障，可以保证乘客安全、车辆电气设备正常工作和车辆安全运行。

FLUKE-1587 绝缘万用表是一款多功能数字式电量多参数测量仪表，如图 1-3-10 所示。

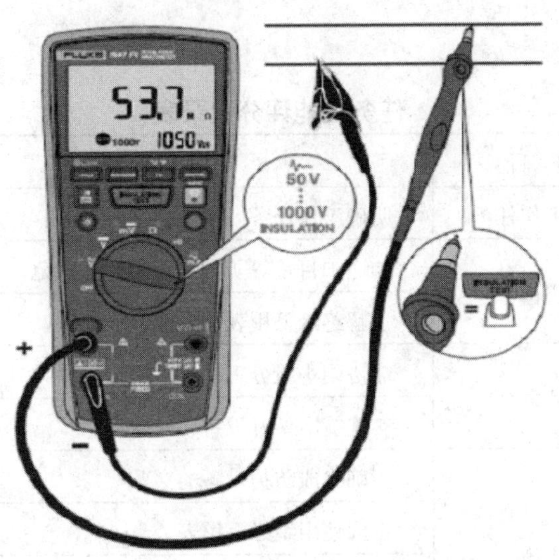


图 1-3-10　绝缘电阻检测

绝缘电阻检测方法：

(1) 将测试探头插入“+”和“–”输入端子。

(2) 将旋钮转至“INSULATION”(绝缘)位置。当开关调至该位置时，仪表将启动电池负载检查。如果电池未通过测试，显示屏下部将出现电池图标和“bat”符号，提醒必须更换万用表电池。

(3) 按“range”键选择电压。

(4) 将探头与待测电路连接，仪表会自动检测电路是否通电。

(5) 按住探头上“test”键开始测试，显示屏的下端出现“test”图标，同时显示屏会显示被测电路上所施加的测试电压，主显示位置显示高压符号“ϟ”并以 MΩ 或 GΩ 为单位显示绝缘电阻值。

## 【任务准备】

(1) 安全、整洁的汽车维修车间；

(2) 齐全的消防用具、清洁用品等；

(3) 实训整车及防护穿戴设备；

(4) 汽车举升机、绝缘万用表等工具。

## 【任务实施】

1．按照任务要求，准备所需工具。

2．规范操作，检查绝缘手套等穿戴设备。

3．规范操作，正确操作举升机。

4．规范使用绝缘万用表，检测高压线路绝缘性能。

## 【任务评价】

**任务技能评分记录表**

| 序号 | 项　目 | 评 分 标 准 | 得　分 |
|---|---|---|---|
| 1 | 接收工作任务 | 明确工作任务 | |
| 2 | 咨询 | 知道护目镜等防护设备的穿戴规范 | |
| 3 | | 了解绝缘万用表的功能 | |
| 4 | 计划 | 能协同小组分工 | |
| 5 | | 实施前准备好设备 | |
| 6 | 实施 | 正确完成防护设备的穿戴 | |
| 7 | | 正确使用绝缘万用表 | |
| 8 | | 规范使用举升机 | |
| 9 | | 现场恢复整理 | |
| 10 | 检查 | 操作过程规范 | |
| 总　分 | | | |

## 【学习工作页】

<table>
<tr><td rowspan="2"></td><td rowspan="2">新能源汽车维护与保养</td><td colspan="2">项目一：新能源汽车维护概论</td></tr>
<tr><td colspan="2">任务三：新能源汽车维护工具与设备</td></tr>
<tr><td>班级：</td><td>日期：</td><td>姓名：</td><td>学号：</td></tr>
</table>

任务描述：掌握新能源汽车维护工具与设备的使用

1. 填空题

(1) 操作立柱式举升机在上升或下降时，眼睛要注视车辆，观察是否______，如发现异常，应停止举升或下降，并采取可靠措施，避免车辆______，切忌东张西望。

(2) 带有空气悬架的车辆因其结构关系，举升时需要______。

(3) 使用千斤顶时，切勿顶升超过千斤顶最大______的任何车辆。

(4) 钳式电流表又叫______，是利用______原理制成的，分为______和______。

(5) 高压防护工具有______、______、______、______、______、______、______、______。

2. 问答题

(1) 车辆的举升位置如何确定？

(2) 练习穿戴高压防护用具。

(3) 使用绝缘万用表测量蓄电池电压，并记录数据。

(4) 练习使用举升机举升车辆。

# 项目二　新能源汽车 PDI 与磨合期维护

## 任务一　新能源汽车 PDI

**【学习目标】**

(1) 熟悉新能源汽车售前检验的主要内容；
(2) 掌握新能源汽车售前检验的操作规程。

**【任务载体】**

新能源汽车由厂家运到经销商处，工作人员要对新车进行售前检查，请你介绍新车售前检验环节的内容和操作规程。

**【相关知识】**

### 一、新车售前检验(PDI)的意义和作用

新车售前检验(Pre Delivery Inspection，PDI)是指新车到达 4S 店以后，交付给客户前，经销商对车辆实施的检验。因为新车从生产商到达经销商经历了数千公里的运输历程和长时间的停放，为了保证新车的安全性和原车性能，PDI 检查必不可少。车辆档次越高，其控制系统的自动化程度越高，PDI 检查的项目也就越多。例如，未做 PDI 的新车会一直运行在运输模式，这种模式只能简单行驶，很多系统未被激活。强行使用会导致功能不全，甚至会严重损害车辆，给车辆及驾驶员的安全造成极大危害。PDI 检查项目范围很广，如电池是否充放电正常、钥匙是否匹配记忆功能、是否激活舒适系统、仪表灯光功能是否设置到原车要求，等等。PDI 检查的目的是确保车辆的安全性和驾驶的舒适性。

图 2-1-1　PDI 检验

### 二、新车售前检验(PDI)的项目和要求

车辆状态验证、工作状态恢复、车辆功能检查这三道工序组成了完整的 PDI 检查流程，如图 2-1-1 所示。

1. 车辆状态验证

整车制造企业向汽车4S店运输新车的过程中，车辆可能出现损伤，经销商在车辆到达后需要验证车辆状态，清点随车资料及物品是否齐全，以保证车辆状态正常、随车物品齐全。

(1) 验证运输状况。车辆运输状况主要包括运输公司、司机姓名、司机联系电话、发车地点、运输车号、装运车辆数量等。新车由整车厂运输到4S店后，首先由销售人员验证车辆运输状况，验收合格后编写入库编码，并将车辆运输状况及入库编码记录在车辆入库检验单上。

(2) 核对、清点明细资料及随车物品。销售人员完成运输状态验证后需对车辆进行明细资料的核对及随车物品的清点。车辆明细资料主要包括车辆品牌、车型、规格、颜色、车辆VIN号等信息。随车物品包括车辆手续资料和随车工具。车辆手续资料包括车辆安全性能检验证书、车辆铭牌和车辆VIN号等的拓印、运单、新车点检单、货物进口证明书(进口车)、进口车辆随车检验单(进口车)等。随车工具一般包括用户使用手册、保修手册、慢充线、备胎、钥匙、工具包、点烟器、灭火器等。

销售人员对车辆明细资料和随车物品进行仔细核对与清点，确定有无及是否正确，并在新车入库检验单中标记，对发现的问题进行记录并提出处理意见。

2. 工作状态恢复

为了避免新车在运输中发生问题，整车制造厂在车辆离厂前对车辆采取了相关保护措施。所以，在PDI检查时必须对车辆工作状态进行恢复。

(1) 安装保险丝。在新车运输中，为了避免顶灯、收音机等部件有电流通过，制造商已提前将其保险丝或短路销拆下，并放在继电器盒内。在车辆交付客户前，应首先将保险丝或短路销安装到相应位置。

(2) 安装制造商提供的零部件。为避免运输过程中的损坏，制造商会将外后视镜等外部凸出部分的零部件单独包装，接车后按需要对其进行安装。单独包装的零部件一般包括外后视镜、备胎固定架托座、气管、前阻扰流板盖、轮帽和盖。

(3) 取下前弹簧隔圈。用举升机或千斤顶将车辆升起，从前悬架上取下前弹簧隔圈。

(4) 拆下制动盘的防锈罩。用手取下盘式制动器上的防锈罩，不要使用螺丝刀或其他工具，以防损坏车轮和制动盘。

(5) 安装橡胶车身塞(如果有)。将橡胶车身塞装入车身相应部件的孔内。

(6) 取下紧急拖车环。将紧急拖车环从保险杠上取下，然后在紧急拖车环的孔上加盖。紧急拖车环孔盖在手套箱中，取下的紧急拖车环放在工具袋中。没有装紧急拖车环的车辆不进行此项工作。

(7) 调整轮胎压力。保证轮胎(包括备胎)气压正常。

(8) 除去不必要的标识。将不必要的标志、标签、贴纸及保护盖等取下。

(9) 取掉车身防护膜。冲洗车身，除去运输过程中的灰尘；揭下车身的保护膜；检查车辆油漆表面是否有黏性残留物或凸出物。

3. 车辆功能检查

车辆功能检查即认真细致地验收即将交付的新车，以便及时发现质量缺陷，保证新车交付到客户手中时状况及性能良好，各部件和机械运转正常，达到顾客满意的要求，避免日后召回带来的麻烦。车辆功能检查的内容包括检验前的准备工作、环车检查、前机舱检查、车辆底部检查、道路驾驶检查、交付检查及车辆清洁等方面。

(1) 准备工作。

① 准备好胎压表、绝缘万用表、检测照明灯等检测设备；

② 放置驾驶室座椅护套、方向盘护套及驾驶室脚垫；

③ 准备好组套工具、扭力扳手、橡皮软管等；

④ 准备新车交接检验记录单(PDI 检查单)及记录板夹。

(2) 环车检查。

① 清洗车身和内部，清洁时注意不要划伤车身及座椅；

② 环绕汽车一周，仔细查看全车油漆颜色是否一致，车身表面有无划痕、掉漆、开裂、起泡或锈蚀，并用手摸一摸有无修补痕迹；

③ 检查车门、行李箱盖和油箱盖开关是否正常，车窗是否完好，前后挡风玻璃有无损伤，车门把手开关是否灵活、安全、可靠，门窗密封条是否损坏，车门打开后在某个限制位是否有轻微晃动现象，电动车窗升降是否稳定；

④ 检查备胎的气嘴帽是否完好，备胎气压及固定情况是否正确，备胎与其他轮胎的规格是否相同；

⑤ 检查车辆各处标志、装饰条是否完好、安装是否牢靠；

⑥ 检查车辆前照灯、左右转向灯、危险报警灯、制动灯、倒车灯、示宽灯、雾灯、阅读灯及灯具外壳等是否正常；

⑦ 按压喇叭开关，检查喇叭工作是否正常；

⑧ 进入驾驶室，插入钥匙，点火开关置于“ON”，检查刮水器、喷水清洁器工作是否正常；

⑨ 检查后窗除雾器及点烟器工作是否正常；

⑩ 检查灭火器及随车工具是否固定。

(3) 检查前机舱。

① 检查低压蓄电池正负极柱是否牢固，检查电量；

② 目测冷却液、风窗清洗液、制动液等液面位置是否符合要求；

③ 检查汽车冷却液、制动液、电解液及制冷液等有无泄漏；

④ 检查高、低压线束接头是否松动。

(4) 检查车辆底部。

① 检查制动系统软管和线路；

② 检查传动轴防尘罩；

③ 检查动力转向系统；

④ 检查齿条—齿轮护罩情况；

⑤ 检查全部转向系统紧固件；

⑥ 检查轮胎气压和轮胎规格，检查防盗螺栓接头是否配套，检查轮胎有无磨损、刮痕以及有无镶嵌碎石头；

⑦ 检查车轮紧固螺栓力矩；

⑧ 检查减震器性能是否完好；

⑨ 检查动力电池外壳有无破损、裂纹等。

(5) 道路驾驶检查。

① 启动车辆，观察车辆仪表盘及报警装置工作是否正常。

② 检查制动踏板、加速踏板的高度及自由行程。启动车辆，踩下加速踏板，应感觉轻松自如，并有一小段自由行程；踩下制动踏板不放，此时踏板应保持一定高度，若其缓慢下移，则表示制动系统有泄漏现象。

③ 检查车辆运行情况。将换挡机构置于 N 挡，启动车辆，观察仪表台，若“READY”指示灯点亮，说明车辆启动正常，此时将挡位放置 D 挡，轻踩加速踏板，观察车辆加速是否平顺；在车辆停稳后，将挡位放置 R 挡，检查车辆倒车是否正常。

④ 检查车辆行驶性能及操纵性是否良好。驾驶车辆进行上下坡行驶，测试车辆动力性能和加速性能是否良好；车辆加、减速过程中，轻打方向盘，检查车辆转向能力是否良好；检查车辆方向盘自动回正性能是否良好；车辆以最小转弯半径掉头行驶时，检查有无异常。

⑤ 检查制动系统工作是否正常。驾驶车辆获得一定速度后，轻踩制动踏板，检查车辆制动是否平顺；车辆停稳后，关闭点火开关，拉起驻车制动，检查车辆是否不动。

⑥ 检查转向系统工作是否正常。在行驶过程中转动方向盘，观察转向的准确性和灵敏度；以最小转弯半径掉头行驶，检查有无异常。

⑦ 检查空调的制冷、暖风、内外循环系统等是否工作正常。

⑧ 检查音响系统是否工作正常。

(6) 交付检查及车辆清洁。

① 揭下车辆不必要的标签，清洗车辆；

② 检查随车工具和资料是否齐全；

③ 检查需交付客户的所有相关资料是否齐全，清点查验发票、出厂合格证、保险单、保修单、说明书、使用手册、保修手册等是否齐全正确。

## 三、新车售前检验的注意事项

为了保证交车前检查工作的顺利完成，避免擦伤和弄脏车辆，在进行交车检查前必须注意以下事项：

(1) 保持双手清洁，及时修剪指甲；

(2) 保持工作服整洁合身，不要有金属纽扣和拉扣，鞋子不能沾有泥土；

(3) 不能放任何工具和硬物在衣服口袋内；

(4) 不能佩戴手表、戒指、手链、项链、钥匙链等金属饰物；

(5) 在车辆前方作业时，关闭点火开关并取出钥匙；

(6) 在前机舱实施作业时，放置翼子板护布；

(7) 举升车辆在车下作业前，断开蓄电池负极；

(8) 举升车辆时，检查举升机托臂，不可顶在动力电池处。

## 【任务准备】

(1) 安全、整洁的汽车维修车间或模拟汽车维修车间；

(2) 齐全的消防用具及个人防护用具；

(3) 新能源整车及相关防护工具；
(4) 汽车举升机、常用工具；
(5) 汽车故障诊断仪；
(6) 清洁用品等。

## 【任务实施】

新能源汽车 PDI 检查

<table>
<tr><td>车型：</td><td colspan="2"></td><td colspan="2">车架号：</td><td colspan="2"></td></tr>
<tr><td>送车人员：</td><td></td><td>电话：</td><td colspan="2">日　期：</td><td colspan="2">年　　月　　日</td></tr>
<tr><td>检查类别</td><td colspan="2">检查项目</td><td colspan="4">存在问题</td></tr>
<tr><td rowspan="3">基本检查</td><td colspan="2">(1) 外观</td><td colspan="4"></td></tr>
<tr><td colspan="2">(2) 轮胎</td><td colspan="4"></td></tr>
<tr><td colspan="2">(3) 内饰</td><td colspan="4"></td></tr>
<tr><td rowspan="11">车辆功能检查</td><td colspan="2">(1) 遥控器、中控门锁及钥匙</td><td colspan="4"></td></tr>
<tr><td colspan="2">(2) 车门窗及后备箱</td><td colspan="4"></td></tr>
<tr><td colspan="2">(3) 主驾和副驾座椅</td><td colspan="4"></td></tr>
<tr><td colspan="2">(4) 仪表盘各项指示灯</td><td colspan="4"></td></tr>
<tr><td colspan="2">(5) 导航仪及收音机</td><td colspan="4"></td></tr>
<tr><td colspan="2">(6) 照明灯光、指示灯光</td><td colspan="4"></td></tr>
<tr><td colspan="2">(7) 雨刷</td><td colspan="4"></td></tr>
<tr><td colspan="2">(8) 空调</td><td colspan="4"></td></tr>
<tr><td colspan="2">(9) 后视镜(高配)</td><td colspan="4"></td></tr>
<tr><td colspan="2">(10) 天窗(高配)、车内灯</td><td colspan="4"></td></tr>
<tr><td colspan="2">(11) 遮阳板及化妆镜</td><td colspan="4"></td></tr>
<tr><td rowspan="2">随车物料检查</td><td colspan="2">(1) 铭牌及随车资料(导航手册、用户手册、质保手册)</td><td colspan="4"></td></tr>
<tr><td colspan="2">(2) 随车工具(备胎、工具三件套、千斤顶)</td><td colspan="4"></td></tr>
<tr><td rowspan="3">出库状态验收</td><td colspan="3">验收情况</td><td colspan="3">验收人签字</td></tr>
<tr><td colspan="3" rowspan="2"></td><td colspan="2">销售管理部</td><td></td></tr>
<tr><td colspan="2">物流公司</td><td></td></tr>
<tr><td rowspan="2">接车状态验收</td><td colspan="3" rowspan="2"></td><td colspan="2">经销商<br>(或大客户)</td><td></td></tr>
<tr><td colspan="2">物流公司</td><td></td></tr>
</table>

## 【任务评价】

**任务技能评分记录表**

<table>
<tr><td colspan="2">选手姓名</td><td colspan="2"></td><td>选手工位号</td><td colspan="3"></td></tr>
<tr><td>序号</td><td>作业项目</td><td>内　容</td><td>配分</td><td>评 分 标 准</td><td>记录</td><td>扣分</td><td>得分</td></tr>
<tr><td rowspan="4">1</td><td rowspan="4">工具选用</td><td rowspan="4">选取工具和使用</td><td rowspan="4">20</td><td>错误选用工具扣 2 分/次</td><td></td><td></td><td></td></tr>
<tr><td>错误使用工具扣 2 分/次</td><td></td><td></td><td></td></tr>
<tr><td>工具掉落地面扣 2 分/次</td><td></td><td></td><td></td></tr>
<tr><td>未按规定整理工具扣 2 分</td><td></td><td></td><td></td></tr>
<tr><td>2</td><td>车辆保护</td><td>安装保护装置</td><td>20</td><td>安装漏掉一处扣 2 分</td><td></td><td></td><td></td></tr>
<tr><td rowspan="5">3</td><td rowspan="5">检查流程</td><td rowspan="2">检查条目</td><td rowspan="2">40</td><td>方法错误一处扣 2 分</td><td></td><td></td><td></td></tr>
<tr><td>漏检一处扣 2 分</td><td></td><td></td><td></td></tr>
<tr><td rowspan="3">技术要求</td><td rowspan="3">10</td><td>未达到相关技术参数每一处扣 2 分</td><td></td><td></td><td></td></tr>
<tr><td>错误每一处扣 1 分</td><td></td><td></td><td></td></tr>
<tr><td>忘记技术要求扣 5 分</td><td></td><td></td><td></td></tr>
<tr><td rowspan="2">4</td><td rowspan="2">清理作业</td><td rowspan="2">清理车辆和场地</td><td rowspan="2">10</td><td>车辆未清理扣 5 分</td><td></td><td></td><td></td></tr>
<tr><td>场地未清理扣 5 分</td><td></td><td></td><td></td></tr>
<tr><td>5</td><td>安全操作</td><td>安全操作</td><td colspan="2">发生安全事故以 0 分记</td><td></td><td></td><td></td></tr>
<tr><td>现场记录</td><td colspan="7"></td></tr>
<tr><td colspan="2">开始时间</td><td></td><td>结束时间</td><td></td><td>超时</td><td colspan="2"></td></tr>
<tr><td colspan="2">检测人</td><td></td><td>总分</td><td></td><td>评审教师</td><td colspan="2"></td></tr>
</table>

## 【学习工作页】

| | 新能源汽车维护与保养 | 项目二：新能源汽车 PDI 检查与磨合期维护 | |
|---|---|---|---|
| | | 任务一：新能源汽车 PDI 检查 | |
| 班级： | 日期： | 姓名： | 学号： |

任务描述：掌握新能源汽车 PDI 检查流程

1. 填空题

(1) PDI 是新车送交顾客之前进行的全面检查，其英文名称是____________________。

(2) 新车________是新车在投入运行前的一个重要环节，涉及________、________和________三方的关系， 是消除质量事故隐患的必要措施和对新车质量的再次验证。

(3) PDI 检查按照交付对象的不同，一般分为三级：________、________、________。

2. 问答题

(1) PDI 检查的意义和作用是什么？

(2) PDI 检查的流程是什么？

(3) PDI 检查的注意事项有哪些？

# 任务二　新能源汽车磨合期维护

【学习目标】

(1) 熟悉汽车磨合期维护的主要内容；
(2) 掌握汽车磨合期维护的操作方法。

【任务载体】

某品牌新能源汽车。

【相关知识】

磨合(或走合)是指新车运行初期，通过零部件间的摩擦改善摩擦表面几何形状和表面层物理机械特性的过程。新车使用初期的一段里程或时间间隔(一般为 3000km 左右或依照厂家规定)称为磨合期，在这个时期内对车辆所进行的维护作业称为磨合期维护。磨合期维护一般分为磨合前、磨合中和磨合后三个阶段。下面介绍磨合期维护的具体作业内容。

## 一、新能源汽车磨合前的各项维护

(1) 保持车辆清洁，检查各部位的连接及紧固情况；
(2) 检查各部件冷却系统中冷却液的容量以及有无泄漏；
(3) 检查减速器以及转向器内的润滑油品质是否符合规定、数量是否符合容量标准，不足时应予补加，检查是否渗漏或有渗漏的迹象；
(4) 检查转向系统各组成部件是否松动，操纵是否灵活；
(5) 检查制动系统工作是否正常，制动管路接头处有无漏气或漏油现象，制动液是否充足、是否变质；
(6) 检查动力电池电量是否充足，低压蓄电池电量是否充足，各用电设备、灯光仪表、信号装置等工作是否正常；
(7) 检查轮胎压力是否正常。

## 二、新能源汽车磨合中的各项维护

汽车磨合中的维护作业是为了防止汽车发生早期损坏甚至影响磨合期的顺利完成。新能源汽车磨合期内主要注意事项如下：

(1) 行驶过程需选择路况较好的道路；

(2) 车辆行驶过程中，应严格遵守驾驶操作规程，减少冲击，尽量避免使用紧急制动或突然加速；

(3) 严格遵守行驶速度以及装载的相关规定。

## 三、新能源汽车磨合后的各项维护

磨合期满后需进行一次维护作业，及时清除在磨合期间所发生的故障隐患，按照技术文件规定进行调整，适应运行需求，以延长汽车的使用寿命。磨合后的维护作业项目应参照制造厂商的要求进行，主要内容如下：

(1) 按规定力矩紧固传动系统、制动系统、转向系统、悬架各连接螺栓和螺母，并检查保险、锁止装置是否齐全有效；

(2) 检查车身、车厢各部连接情况；

(3) 检查制动效能是否符合规定，对于液压制动系统视需要添加相同型号制动液；

(4) 检查、调整风扇和轮胎压力；

(5) 按一级保养作业项目进行润滑和保养作业。

## 四、新车磨合期注意事项

(1) 避免紧急制动。磨合期内频繁紧急制动不仅会使制动系统受到冲击，还会加大底盘和驱动电机的冲击负荷，所以在初次行驶的几百公里内，应尽量避免紧急制动。

(2) 避免负荷过重。新车处于磨合期时，应避免满载行驶，否则会对零部件造成损坏。

(3) 避免长途行驶。磨合期内的新车如长途行驶，车辆各零部件连续工作的时间就会增加，容易加剧零部件的磨损，从而降低车辆的使用寿命。

(4) 按期更换机油。对于混合动力汽车，发动机初装机油是磨合期专用的润滑油，这种机油黏度低，散热性好，清洗、抗氧化性能优越。磨合期内的新车，机油要按照厂家规定的时间更换。

## 【学习工作页】

<table>
<tr><td rowspan="2"></td><td rowspan="2">新能源汽车维护与保养</td><td colspan="2">项目二：新能源汽车 PDI 检查与磨合期维护</td></tr>
<tr><td colspan="2">任务二：新能源汽车磨合期维护</td></tr>
<tr><td>班级：</td><td>日期：</td><td>姓名：</td><td>学号：</td></tr>
</table>

任务描述：掌握新能源汽车磨合期维护的操作方法

1. 填空题

(1) 磨合是指汽车______(如新车、大修车以及装有大修发动机的汽车)，改善零件摩擦表面几何形状和表面层物理机械性能的过程。汽车运行初期的一段里程(一般为 3000 km 左右或依照厂家规定)称为______，在这段时间对汽车所进行的保养，称为______。

(2) 磨合保养一般分为______、______和______三个阶段。

(3) 磨合中的保养是为了防止汽车出现______，以便能顺利地完成磨合。

(4) 磨合期满后需进行一次保养作业，及时清除在磨合期间所发生的______，按照技术文件规定进行调整，适应运行需求，以延长汽车的______。

(5) 磨合前的维护，应检查制动系统工作是否正常，制动管路接头处有无_______或_______现象，制动液是否_______、是否________。

(6) 在磨合满______以后，应按规定力矩拧紧气缸，进、排气歧管(螺母)，磨合满______以后，应趁热车更换发动机润滑油，防止因铁屑等杂物堵塞油道而损伤摩擦工作表面。

2. 问答题

(1) 为什么要进行汽车磨合保养？

(2) 汽车磨合前的主要保养内容是什么？

(3) 汽车磨合保养的注意事项有哪些？

# 项目三　新能源汽车高压系统维护

## 任务一　新能源汽车日常检查流程

【学习目标】

(1) 能够描述针对新能源汽车的新车使用要求；
(2) 掌握新能源汽车日常检查流程。

【任务载体】

你被安排到售后车间的维修岗位。今天正好有一辆新能源汽车进入你的门店，需要对它做一次日常检查，你能够完成这个任务吗？

【相关知识】

新能源汽车与燃油车在结构上的主要不同点是驱动系统，在车身、底盘、电气设备等总成上，二者区别并不大。因此，在新车磨合与使用过程中的维护保养上，新能源汽车与燃油车相同或相近的零部件可参考燃油汽车的操作规范，针对新能源汽车特有的部件需要按其相关要求执行。

### 一、新能源汽车新车使用要求

#### 1．新车磨合

新车磨合主要是指新车经过一段时间运转摩擦，使车辆中的传动零部件与啮合面接触吻合、表面变光滑的过程。新车经过磨合可以提高后期车辆的使用效率，使车辆使用寿命得到延长。

燃油汽车需要磨合，新能源汽车新车期间也需要磨合，但与燃油汽车相比，新能源汽车的磨合主要有以下两方面的不同。

第一，纯电动汽车组成部分里没有了发动机、摩擦片式的离合器和行星齿轮变速器，因而纯电动汽车磨合的零部件主要是指制动系统的部件。

第二，油电混合动力汽车在运转过程中，驾驶员不再直接控制发动机的启动与运转，因而油电混合动力汽车也不需要对发动机进行额外的磨合。

新能源汽车进入磨合期后，应进行阶段性能检查维护，内容包括以下几方面：

(1) 磨合前期，清洁车身和车辆内部，紧固螺栓、螺母，加注冷却液，检查胎压、仪表及灯光、驱动电机、低压蓄电池、制动系统。

(2) 行驶里程达 40～60 km 时，检查驱动电机、变速器、驱动桥、轮毂以及传动轴等是否有异响或发热现象，检查制动系统的制动能力及紧固性、密封性。

(3) 行驶里程达 200 km 时，检查并紧固车辆螺栓、螺母。

(4) 磨合期结束，到指定品牌 4S 店进行新车的维护保养；对于油电混合动力汽车，同样需要更换机油、机滤，检测气缸压力，清除积碳等，以及检查制动系统，调整制动踏板自由行程，检查前悬架及转向机构的紧固情况。

**2．动力电池使用**

新能源汽车有一个共同的部件——动力电池，如图 3-1-1 所示。动力电池在磨合期间需要进行相应的维护保养作业，包括对电池的适度充、放电，初期使用时应注意以下原则。

图 3-1-1　某品牌的动力电池

(1) 准确掌握充电持续时间和充电频率。在使用过程中，应根据实际情况准确掌握充电持续时间和充电频率。车辆行驶过程中，如果仪表中电量指示灯提示电量不足，则应停止运行，尽快充电，若继续行驶，电池过度放电会严重缩短使用寿命。一般情况，电池平均充电时间在 10 h 左右。如果电池剩余电量较多，则充电时间不宜过长，否则电池会发热，形成过度充电。过度充放电、长期充电不足都会严重影响电池使用寿命。

(2) 定期充电。即便每天驾驶车辆行驶里程较短，电池充满电可以满足 2～3 天的使用，原则上也还是建议每天进行充电，使电池处于浅循环状态，延长电池使用寿命。

## 二、新能源汽车日常检查流程

针对混合动力汽车和纯电动汽车，日常检查主要涉及以下工作。

**1．低压蓄电池检查**

检查低压蓄电池(如图 3-1-2 所示)接头有无腐蚀、松动、裂纹或压板松弛现象。

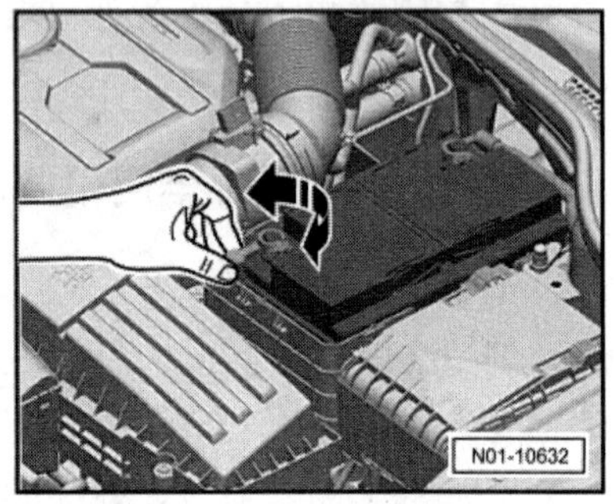


图 3-1-2　低压蓄电池检查

(1) 如果蓄电池接头已被腐蚀，必须用温水和小苏打水的混合溶液进行清洗，并将润滑脂涂于接头外部，防止再次腐蚀；

(2) 如果接头连接松动，需紧固螺母；

(3) 避免过度紧固蓄电池压板，将压板拧紧至蓄电池能够固定在相应位置即可，否则会造成蓄电池壳体损坏。

注意：

(1) 进行维护保养之前，需确认启动开关和所有用电设备都已关闭；

(2) 检查蓄电池时，需首先将负极电缆取下，安装时先安装正极电缆，再安装负极电缆；

(3) 避免金属工具同时接触蓄电池的正负极柱，以免造成短路；

(4) 擦拭蓄电池时，避免液体进入蓄电池内部；

(5) 使用充电机为蓄电池充电前，应先拆下蓄电池正负极电缆，否则可能会严重损坏车辆的电子控制单元、电气设备等；

(6) 车辆停止运转后，若长时间使用电气设备，可能会使蓄电池过度放电，导致车辆无法启动，降低蓄电池使用寿命。

### 2．发动机机油更换

油电混合动力汽车更换机油的流程与燃油汽车的换油流程相似,但还应注意以下几点。

(1) 混合动力汽车举升时，举升机托臂、垫块避免接触或接近车辆下部的橙色高压电缆。

(2) 大多数混合动力汽车发动机要求使用SAE0W/20或SAE5W/20型号的机油。由于油电混合发动机混动模式下，发动机需要启停多次，所以使用指定的机油黏度很重要，用错黏度等级的机油不但会降低燃料经济性，而且还会损坏发动机。

(3) 检查、更换机油前，必须关闭发动机。如果车辆具有一键启动功能，请将电子钥匙放置在车外，确保钥匙距离车辆至少2 m，以防止发动机意外启动。

### 3．冷却系统检查

检查新能源汽车冷却系统的作业流程与检查燃油汽车冷却系统的流程相似，但在检查油电混合动力汽车和纯电动汽车冷却系统时，有以下几点需要注意。

(1) 冷却液按照规定使用。大多数整车制造企业建议使用预混合冷却液，因为使用含矿物质的冷却液会腐蚀零部件。此外，有的汽车还需要采用去离子水的冷却液。与传统的冷却液不同，去离子水的冷却液不导电，在冷却高压部件时，使用此类冷却液可避免高压部件绝缘电阻下降。

(2) 按照规定的间隔时间更换冷却液。与燃油汽车冷却液的更换间隔时间类似，新能源汽车应在规定的时间或里程间隔期内检查并更换冷却液。

(3) 维护中采取必要预防措施。例如，丰田普锐斯汽车为了对冷却液保温，加装了一个能够保温三天的储液罐。在打开冷却液软管时，温度较高的冷却液会溅出，维修人员应采取必要措施避免烫伤。

### 4．空调系统检查

新能源汽车空调系统的检查流程与燃油汽车的检查流程类似，但检查油电混合动力汽车和纯电动汽车空调系统时，需要注意以下几点。

(1) 混合动力汽车和纯电动汽车的空调压缩机是由高压动力电池的高压电来驱动的，检查前应断开低压蓄电池负极电缆，检查时应佩戴绝缘手套，使用绝缘工具。

(2) 由于空调压缩机是由高压电驱动的，所以要使用绝缘的冷冻油。另外，还要准备一个独立的回收装置，以防常规冷冻油与绝缘冷冻油混合。

### 5．转向系统检查

新能源汽车转向系统的检查流程与燃油汽车的检查流程类似，但在检查油电混合动力汽车和纯电动汽车的转向系统时，需要注意以下几点。

(1) 进行转向系统检查作业时，查看并按照使用说明书上规定的预防措施进行操作。

(2) 新能源汽车配置有电动助力转向系统，助力电机由逆变器提高电压来驱动(一般提高到 42 V)。控制器的电压更高，但不会产生触电危险。这种电压水平虽然不会产生触电危险，但为了避免断开载有42 V电压的电路产生电弧，转向助力系统的电线使用黄色或者橙色塑料线管进行外包。

### 6. 制动系统检查

新能源汽车制动系统检查流程与燃油汽车制动系统的检查类似，但在检查新能源汽车制动系统时，需要注意以下几点。

(1) 所有混合动力汽车和纯电动汽车都使用制动能量回收系统，能够通过电动机将车辆滑行或制动时产生的动能转化成电能，输送给高压动力电池组。紧急制动时产生的电流超过 100 A，此电流储存在高压动力电池组内，需要时可给汽车供电。

(2) 制动系统没有与高压电路连接。用于混合动力汽车的基础制动器，除主缸和相关的控制系统有所区别外，其他都与燃油汽车一样。

(3) 纯电动汽车由于没有发动机，其制动系统真空助力器的真空由真空泵提供，并配有真空罐。

## 【任务准备】

(1) 安全、整洁的汽车维修车间或模拟汽车维修车间；
(2) 齐全的消防用具及个人防护用具；
(3) 新能源整车及其防护用品；
(4) 汽车举升机、常用工具；
(5) 清洁用品等。

## 【任务实施】

**某品牌新能源汽车日常检查**

| 车型 | | 颜色 | | 车辆批次 | |
|---|---|---|---|---|---|
| VIN 号 | | 检测日期 | | 检查人员 | |

| 检查项目 | 记录栏 | 签字栏 | | | | |
|---|---|---|---|---|---|---|
| | 问 题 描 述 | 是否放行 | 质量签字 | 维修人员 | 质量复检 | PDI 复检 |
| 1. 基本检查 | | | | | | |
| (1) 全车漆面、玻璃、装饰条 | | | | | | |
| (2) 全车各部位间隙 | | | | | | |
| (3) 全车标牌和 LOGO 标识 | | | | | | |
| (4) 轮胎、轮辋 | | | | | | |
| (5) 内饰各部件装配质量 | | | | | | |
| (6) 备胎、后置物台及备胎盖板 | | | | | | |
| 2. 前机舱检查 | | | | | | |
| (1) 目测检查 | | | | | | |
| (2) 冷却液液位 | | | | | | |
| (3) 制动液液位 | | | | | | |
| (4) 玻璃水水位 | | | | | | |

续表一

| 检查项目 | 记录栏 | 签字栏 | | | | |
|---|---|---|---|---|---|---|
| | 问 题 描 述 | 是否放行 | 质量签字 | 维修人员 | 质量复检 | PDI复检 |
| (5) 蓄电池 | | | | | | |
| (6) 线束及管路连接 | | | | | | |
| 3. 功能检查 | | | | | | |
| (1) 遥控器、钥匙 | | | | | | |
| (2) 车门、后备箱 | | | | | | |
| (3) 车门窗、天窗 | | | | | | |
| (4) 中控门锁 | | | | | | |
| (5) 座椅及安全带 | | | | | | |
| (6) 仪表盘指示灯 | | | | | | |
| (7) 导航、收音机 | | | | | | |
| (8) 方向盘 | | | | | | |
| (9) 照明灯光 | | | | | | |
| (10) 指示灯光 | | | | | | |
| (11) 雨刷 | | | | | | |
| (12) 空调 | | | | | | |
| (13) 后视镜 | | | | | | |
| (14) 阅读灯 | | | | | | |
| (15) 遮阳板、化妆镜 | | | | | | |
| (16) 机舱盖、充电口盖 | | | | | | |
| (17) 倒车雷达 | | | | | | |
| (18) 换挡机构及驻车制动 | | | | | | |
| (19) 风窗加热 | | | | | | |
| (20) 数据采集终端 | | | | | | |
| 4. 其他检查 | | | | | | |
| 出租车及特殊配置 | | | | | | |
| | | 左侧损伤标示图标注：X 表示划伤；△表示掉漆；○表示漏装、缺件 | | | | |
| | | PDI 检查人员签字： | | | | |
| | | 质检签字： | | | | |

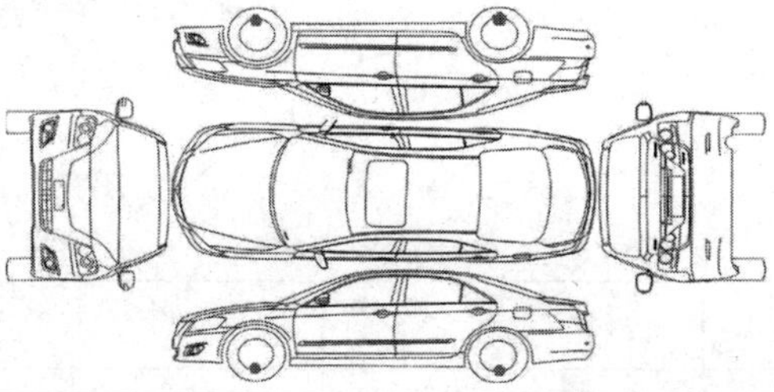

说明：每车一单，每份两联，第一联由服务管理部收回做统计分析，第二联由总装车间随车流转。

【任务评价】

**任务技能评分记录表**

<table>
<tr><td colspan="2">选手姓名</td><td colspan="2"></td><td>选手工位号</td><td colspan="3"></td></tr>
<tr><td>序号</td><td>作业项目</td><td>内　容</td><td>配分</td><td>评 分 标 准</td><td>记录</td><td>扣分</td><td>得分</td></tr>
<tr><td rowspan="4">1</td><td rowspan="4">工具选用</td><td rowspan="4">选取工具和使用</td><td rowspan="4">20</td><td>错误选用工具扣2分/次</td><td></td><td></td><td></td></tr>
<tr><td>错误使用工具扣2分/次</td><td></td><td></td><td></td></tr>
<tr><td>工具掉落地面扣2分/次</td><td></td><td></td><td></td></tr>
<tr><td>未按规定整理工具扣2分</td><td></td><td></td><td></td></tr>
<tr><td>2</td><td>车辆保护</td><td>安装保护装置</td><td>20</td><td>安装漏掉一处扣2分</td><td></td><td></td><td></td></tr>
<tr><td rowspan="5">3</td><td rowspan="5">检查流程</td><td rowspan="2">检查条目</td><td rowspan="2">40</td><td>方法错误一处扣2分</td><td></td><td></td><td></td></tr>
<tr><td>漏检一处扣2分</td><td></td><td></td><td></td></tr>
<tr><td rowspan="3">技术要求</td><td rowspan="3">10</td><td>未达到相关技术参数每一处扣2分</td><td></td><td></td><td></td></tr>
<tr><td>错误每一处扣1分</td><td></td><td></td><td></td></tr>
<tr><td>忘记技术要求扣5分</td><td></td><td></td><td></td></tr>
<tr><td rowspan="2">4</td><td rowspan="2">清理作业</td><td rowspan="2">清理车辆和场地</td><td rowspan="2">10</td><td>车辆未清理扣5分</td><td></td><td></td><td></td></tr>
<tr><td>场地未清理扣5分</td><td></td><td></td><td></td></tr>
<tr><td>5</td><td>安全操作</td><td>安全操作</td><td colspan="2">发生安全事故以0分记</td><td></td><td></td><td></td></tr>
<tr><td>现场记录</td><td colspan="7"></td></tr>
<tr><td>开始时间</td><td></td><td>结束时间</td><td colspan="2"></td><td>超时</td><td colspan="2"></td></tr>
<tr><td>检测人</td><td></td><td>总分</td><td colspan="2"></td><td>评审教师</td><td colspan="2"></td></tr>
</table>

## 【学习工作页】

| | 新能源汽车维护与保养 | 项目三：新能源汽车高压系统维护 | |
|---|---|---|---|
| | | 任务一：新能源汽车日常检查流程 | |
| 班级： | 日期： | 姓名： | 学号： |

任务描述：掌握新能源汽车日常检查流程

1. 填空题

(1) 动力电池初期使用时应注意________________________、________________________。

(2) 新车磨合主要是指将新车中的__________经过一段时间的运转摩擦，使得接合与啮合面的接触非常吻合、表面非常光洁的过程。新车磨合可以提高车辆后期的使用效率，延长车辆的__________。

(3) 纯电动汽车没有____________和____________，因而其新车磨合主要是指对______________部件的磨合。

(4) 检查新能源汽车冷却系统时需要注意____________、____________、____________。

(5) 新能源汽车与传统燃油汽车的主要区别是____________________。

2. 问答题

(1) 新能源汽车进入磨合期后，应进行阶段性能检查维护，主要内容包括什么？

(2) 新能源汽车日常检查流程是什么？

(3) 练习新能源汽车的日常检查操作。

# 任务二　新能源汽车高压部件绝缘检测

【学习目标】

(1) 认识电动汽车高压部件的名称和作用；
(2) 了解电动汽车高压部件绝缘检测的意义；
(3) 掌握电动汽车高压部件绝缘检测工具的使用方法；
(4) 掌握电动汽车高压部件绝缘检测的方法。

【任务载体】

某品牌电动汽车。

【相关知识】

## 一、高压部件绝缘检测的意义

新能源汽车电气系统主要由低压系统和高压系统组成。低压系统主要包括整车控制器和灯光系统、雨刷总成、仪表、收音机和电动座椅等车身电气设备，工作电压为直流 12 V，由低压蓄电池供电。高压系统主要包括动力电池及电源管理系统、高压控制盒、车载充电机、DC-DC 变换器、电动机及其控制器、空调压缩机、空调加热装置和高压线束等电气设备及元件，工作电压一般为 200V 及以上，由动力电池供电。

新能源汽车高压系统采用的工作电压较高，相应的绝缘性能要求也更高。高压系统受高压线束绝缘介质老化或潮湿环境等因素影响，绝缘性能会下降，可能导致正、负极高压线束通过绝缘层和相关部件外壳构成电流回路，造成乘客人身安全隐患；同时，低压系统和整车控制器的工作也会受到影响，当绝缘性能严重下降时，还会导致车辆发生电气火灾，造成严重损失。

因此，实时、定量地利用专门设备检测高压部件的电气绝缘性能，及时解决新能源汽车绝缘故障，是乘客人身安全、车辆电气设备工作正常和车辆安全运行的重要保证。

## 二、高压部件

新能源汽车高压系统主要包括动力电池及电源管理系统、高压控制盒、车载充电机、DC-DC 变换器、电动机及其控制器、空调压缩机、空调加热装置和高压线束等电气设备及元件。随着汽车技术不断发展，高压部件向高度集成化发展，电力控制更加安全可靠，有利于车辆轻量化，同时节约空间和成本，如图 3-2-1 和图 3-2-2 所示。

图 3-2-1　某新能源汽车高压部件

图 3-2-2　高压部件集成

### 1. 动力电池及电源管理系统

动力电池是新能源汽车的核心部件，其内部结构复杂，制造成本较高，工作条件要求严苛。动力电池属于高压部件，任何异常因素(如温度过高或过低、短路、过充或过放等)都会导致电流输出被保护切断。动力电池对外连接的高压部分一般是一根正极高压母线和一根负极高压母线，电压在 200 V 以上，另外还有一个低压电池检测控制线束。动力电池如图 3-2-3 所示。

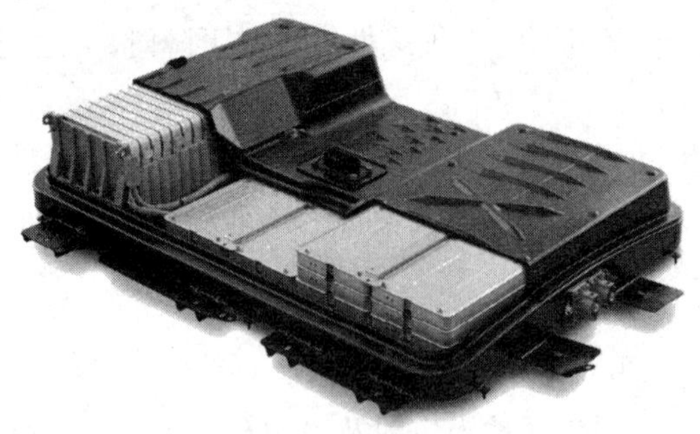

图 3-2-3　动力电池

电池管理系统对整个动力电池组中的每一个单体电池进行控制，保持各个电池间的一致性，还要建立动力电池组的维护系统来保证整车运行。

## 2. 电机控制器

电机控制器的主要作用是将动力电池的高压直流电转换为驱动电机的高压交流电，并根据整车控制器通过总线传送制动信号、挡位信号、油门踏板信号等，以此来控制驱动电机运转。电机控制器上有输入插座和输出插座。输入为高压直流电，用两根橙色高压电缆与电源管理系统相连；输出为三相高压交流电，用于驱动电动机工作，也可将驱动电机发出的交流电送回逆变器，给动力电池充电。电机控制器如图 3-2-4 所示。

图 3-2-4　电机控制器

混合动力汽车变频器：变频器总成用于将动力电池的高压直流电转换为交流电，与发电机(MG1)和电动机(MG2)相连。变频器主要由升压转换器、电机变频器、电动机-发电机控制单元以及 DC-DC 转换器组成。另外，变频器在工作时受到整车控制器控制，控制器会根据车辆状态通过变频器实时地控制电动机、空调压缩机运转，以及控制 DC-DC 转换器为低压蓄电池充电。

## 3. 驱动电机

驱动电机将电能转换为机械能。驱动电机系统是新能源汽车三大核心部件之一，是车辆行驶的主要执行机构。现阶段主要使用的驱动电机类型有：直流电动机、交流异步电动机、永磁同步电动机和开关磁阻电动机等。驱动电机如图 3-2-5 所示。

在新能源汽车中，电动机的主要作用是驱动车辆行驶和能量回收。

(1) 驱动车辆行驶。能够实现车辆正常行驶和倒车等。

(2) 能量回收。能量回收也可称为再生制动，是新能源汽车节能的主要措施之一，制动时电动机可实现制动能量回收，一般可回收 10%～15%的能量。

图 3-2-5　驱动电机

## 4. 车载充电机

车载充电机将输入的 220 V 交流电，经过滤波整流后，通过升压电路和降压电路输出合适的电压、电流，给动力电池充电。

车载充电机有两个接口，一个是直流高压输出接口，连接高压控制盒；另外一个是 220 V 交流电输入接口，连接 220 V 交流电源。车载充电机与一般商用充电机相比，工作效率高、体积小、耐受恶劣工作环境的能力强。车载充电机如图 3-2-6 所示。

5. DC-DC 变换器

DC-DC 变换器将动力电池通过高压控制盒输出的高压直流电转换为 12 V 直流电，给整车低压系统供电，并为 12 V 铅酸蓄电池充电。DC-DC 变换器如图 3-2-7 所示。

图 3-2-6　车载充电机

图 3-2-7　DC-DC 变换器

6. 电动空调压缩机

电动空调压缩机采用直流无刷无传感器电机驱动，额定工作电压较高。电动空气压缩机有两个接口，一个接口为动力电池经高压控制盒输出的直流高压电；另一个接口为直流低压控制端。电动空调压缩机如图 3-2-8 所示。

7. 空调加热装置(PTC)

纯电动汽车空调暖风使用额定功率为 3500 W 的高压直流加热器，即空调加热装置(Positive Temperature Coefficient，PTC)，如图 3-2-9 所示。

图 3-2-8　电动空调压缩机

图 3-2-9　空调加热装置

8. 电源分配单元

电源分配单元是将电机和电池的高低压控制、DC-DC 变换器、车载充电机、空调等高压与低压集成在一起，对这些设备电路集中配电与管理的装置。电源分配单元使新能源汽车结构布局更加整洁合理，后期维护方便，也大大降低了电气控制设备的成本。

## 三、高压部件绝缘检测工具及方法

1. 绝缘检测工具——绝缘万用表

绝缘万用表是一款多功能数字式电量测量仪表，通过功能开关的转换，可以测量电压、电流、电阻、电容、温度等物理量，如图 3-2-10 所示。

绝缘万用表的具体使用方法：

(1) 将红黑表笔插入“+”和“−”输入端子。

(2) 将旋钮转至“INSULATION”(绝缘)位置。当开关调至该位置时，仪表将启动电池负载检查。如果电池不满足要求，显示屏下部将出现电池图标和“bat”符号，以提醒更换万用表的电池。

(3) 按“range”键选择电压。

(4) 将红黑表笔与待测电路连接，仪表会自动检测电路是否通电。

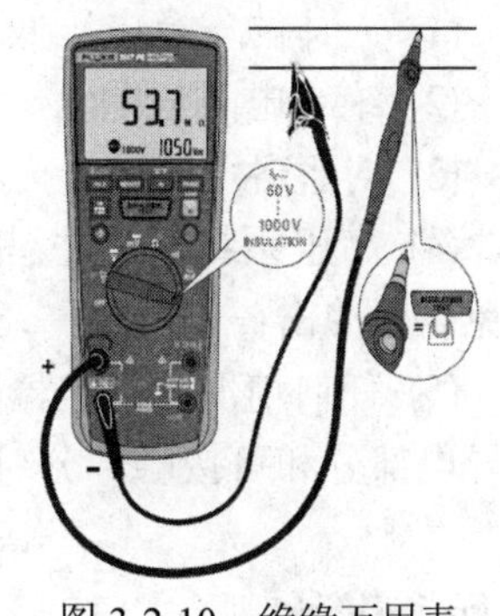

图 3-2-10　绝缘万用表

(5) 按住探头上“test”键开始测试，显示屏的下端出现“test”图标，显示屏会显示被测电路上所施加的测试电压，主显示位置显示高压符号“ϟ”并以 MΩ 或 GΩ 为单位显示绝缘电阻值。

**2. 高压部件绝缘的检测方法及标准**

高压部件绝缘检测的具体方法：拔掉高压控制盒上的动力电池正、负极母线，将钥匙打到 ON 挡，将绝缘万用表黑表笔接于车身，红表笔逐个测量高压部件正、负极端子。新能源汽车高压部件绝缘标准的具体数值见表 3-2-1。

**表 3-2-1　新能源汽车高压部件绝缘标准**

| 部件 | 动力电池 | 车载充电机 | DC-DC 变换器 | 空调压缩机 | 加热装置 | 电机及电机控制器 | 高压线束 |
|---|---|---|---|---|---|---|---|
| 数值 | 正极 ≥1.4 MΩ；负极 ≥1.0 MΩ | 正、负极输出与车身之间的绝缘电阻 ≥1000 MΩ | 正、负极输出与车身之间的绝缘电阻 ≥1000 MΩ | ≥10 MΩ | PTC 正、负极与车身绝缘电阻 ≥500 MΩ | 正、负极输入端子与车身(外壳)绝缘电阻值 ≥100 MΩ | 绝缘阻值为无穷大 |

**3. 高压部件绝缘检测注意事项**

高压部件绝缘检测的注意事项：

(1) 设置安全操作区域隔离装置和警示标志；

(2) 检测过程中必须有安全员在现场监督；

(3) 检查绝缘手套、绝缘鞋、护目镜等是否符合安全等级要求；

(4) 关闭车辆电源，拔下钥匙并由检测人员自行随身保管，断开低压蓄电池负极，有动力电池分断装置的必须拔下并妥善保管。

## 四、高压互锁

逆变器密封在高压盒中，非工作人员不能拆开，但也会有工作人员因疏忽或非工作人员强行拆开的情况。为防止发生触电事故，在逆变器盒盖上设计有高压互锁开关，只要逆变器盒体被打开，开关动作，控制器收到信号，就会断开系统的主继电器，这样可以避免意外事故发生。

绝缘电阻是表征高电压电气设备安全性能的重要参数，目的是为了消除高压电对车辆和驾乘人员的潜在威胁，保证新能源汽车电气系统的安全。绝缘电阻的高压安全要求如下：

(1) 人体的安全电压低于 36 V，触电电流和持续时间乘积的最大值小于 35 mA・s；

(2) 绝缘电阻与电池额定电压的比值应该大于 100 Ω/V，最好能确保大于 500 Ω/V；

(3) 对于各类电池，充电电压不能超过上限电压；

(4) 高压系统上电过程的时间不能少于 100 ms，在上电过程中应该采用预充继电器来避免高压冲击；

(5) 任何情况下继电器断开时间都应该小于 30 ms，当高压系统断开 1 s 后，汽车的任何导电部分和可接触部分对地电压峰值应当小于 42.4 V(交流)/60 V(直流)。

## 【任务准备】

(1) 实训开始前应做好个人着装、场地和工具准备；

(2) 进入车内操作前，应先铺好维护保养三件套；

(3) 进行前机舱操作之前，应先铺设翼子板护布；

(4) 多人一起作业时，启动运转设备或机器时必须事先向所有人发出操作信号并确认安全，机器设备运行时，身体及衣服应远离转动部件；

(5) 使用绝缘万用表时，应注意选择合适的量程，用完及时关闭；

(6) 在对高压部件或高压线束操作时，应使用绝缘工具和防护设备，以防触电。

## 【任务实施】

1. 请完成纯电动汽车维修作业前检查及车辆防护，并记录相关信息。

(1) 维修作业前现场环境检查：

| | |
|---|---|
|  | 作业内容：<br><br>作业结果： |

(2) 维修作业前防护用具穿戴：

| | |
|---|---|
|  | 作业内容：<br><br>作业结果： |

(3) 维修作业前仪表工具准备：

| | |
|---|---|
|  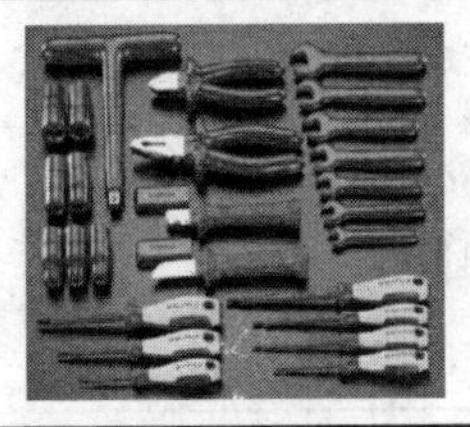 | 作业内容：<br><br>作业结果： |

(4) 维修作业前实施车辆防护：

| | |
|---|---|
|  | 作业内容：<br><br>作业结果： |

2. 请完成整车高压断电操作。

| | | | |
|---|---|---|---|
| 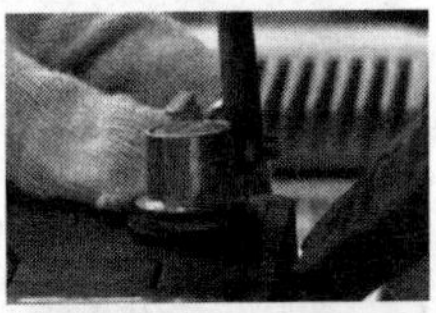  | (1) 关闭点火开关，断开低压蓄电池负极 | 确认低压蓄电池负极螺栓规格 | |
| | | 负极绝缘处理 | |
| 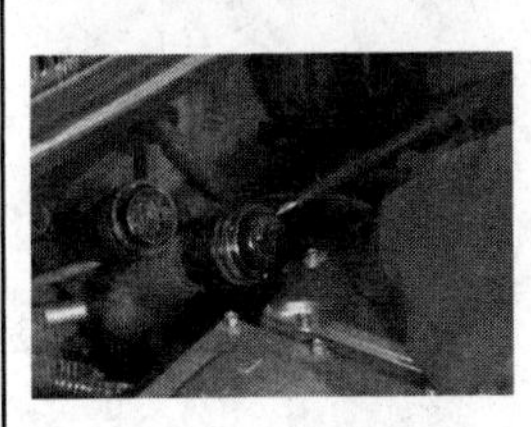 | (2) 拆下检修开关，放置警示牌 | 检修开关存放 | |
| | | 放置警示牌 | |

3. 动力电池正、负极与车身绝缘电阻检测。

| | | | | |
|---|---|---|---|---|
|  | 拔下高压控制盒上的动力电池输入线，将绝缘万用表的黑表笔接于车身，红表笔逐个测量动力电池正、负极端子 | 正极绝缘电阻 | | |
| | | 标准值：<br>测量值： | 是否故障 | |
| | | 负极绝缘电阻 | | |
| | | 标准值：<br>测量值： | 是否故障 | |

4. 动力电池电源管理系统绝缘检测。

| | | | | |
|---|---|---|---|---|
| | 拔下动力电池端高压母线插头，用绝缘表检测 | 正极绝缘电阻 | | |
| | | 标准值：<br>测量值： | 是否故障 | |
| | | 负极绝缘电阻 | | |
| | | 标准值：<br>测量值： | 是否故障 | |

5. 车载充电机正、负极与车身绝缘检测。

<table>
<tr><td rowspan="4"></td><td rowspan="4">将绝缘万用表黑表笔接于车身，红表笔逐个接高压附件线束上车载充电机的正、负极</td><td colspan="3">充电机电源正极</td></tr>
<tr><td>标准值：<br>测量值：</td><td>是否故障</td><td></td></tr>
<tr><td colspan="3">充电机电源负极</td></tr>
<tr><td>标准值：<br>测量值：</td><td>是否故障</td><td></td></tr>
</table>

6. DC-DC 变换器正、负极与车身绝缘检测。

<table>
<tr><td rowspan="4">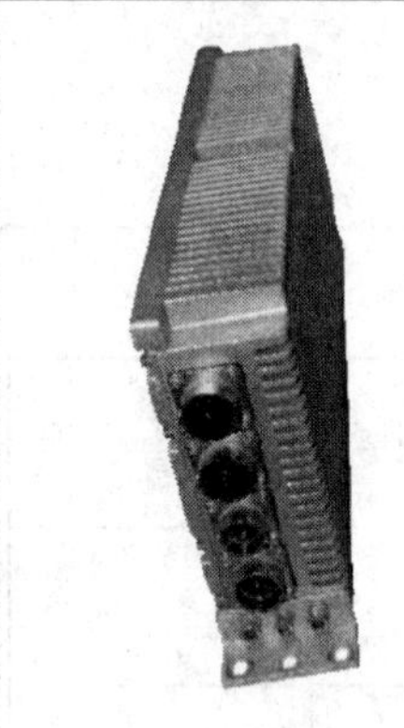</td><td rowspan="4">将绝缘万用表黑表笔接于车身，红表笔逐个接高压附件线束上 DC-DC 变换器的正、负极</td><td colspan="3">DC-DC 变换器电源正极</td></tr>
<tr><td>标准值：<br>测量值：</td><td>是否故障</td><td></td></tr>
<tr><td colspan="3">DC-DC 变换器电源负极</td></tr>
<tr><td>标准值：<br>测量值：</td><td>是否故障</td><td></td></tr>
</table>

7. 空调压缩机正、负极与车身绝缘检测。

<table>
<tr><td rowspan="4"></td><td rowspan="4">将绝缘万用表黑表笔接于车身，红表笔逐个接高压附件线束上空调压缩机的正、负极</td><td colspan="3">空调压缩机电源正极</td></tr>
<tr><td>标准值：<br>测量值：</td><td>是否故障</td><td></td></tr>
<tr><td colspan="3">空调压缩机电源负极</td></tr>
<tr><td>标准值：<br>测量值：</td><td>是否故障</td><td></td></tr>
</table>

8. 加热装置正、负极与车身绝缘检测。

<table>
<tr><td rowspan="4"></td><td rowspan="4">将绝缘万用表黑表笔接于车身，红表笔逐个接高压附件线束上加热装置的正、负极</td><td colspan="3">加热装置电源正极</td></tr>
<tr><td>标准值：<br>测量值：</td><td>是否故障</td><td></td></tr>
<tr><td colspan="3">加热装置电源负极</td></tr>
<tr><td>标准值：<br>测量值：</td><td>是否故障</td><td></td></tr>
</table>

9. 电机控制器、驱动电机正负极输入与车身绝缘检测。

<table>
<tr><td rowspan="4"></td><td rowspan="4">将绝缘万用表黑表笔接于车身，红表笔逐个接电机控制器的正、负极</td><td colspan="3">电机控制器电源正极</td></tr>
<tr><td>标准值：<br>测量值：</td><td>是否故障</td><td></td></tr>
<tr><td colspan="3">电机控制器电源负极</td></tr>
<tr><td>标准值：<br>测量值：</td><td>是否故障</td><td></td></tr>
</table>

10. 高压控制盒正、负极与车身绝缘检测。

<table>
<tr><td rowspan="6"></td><td rowspan="6">拔掉高压盒上的高压线束，将绝缘万用表的黑表笔接于车身，红表笔逐个接高压控制盒端子(动力电池输入和驱动电机控制器输出)</td><td rowspan="3">动力电池输入端</td><td>正极阻值</td><td>标准值：<br>测量值：</td></tr>
<tr><td>负极阻值</td><td>标准值：<br>测量值：</td></tr>
<tr><td>绝缘故障</td><td>标准值：<br>测量值：</td></tr>
<tr><td rowspan="3">电机控制器输出端</td><td>正极阻值</td><td>标准值：<br>测量值：</td></tr>
<tr><td>负极阻值</td><td>标准值：<br>测量值：</td></tr>
<tr><td>绝缘故障</td><td>标准值：<br>测量值：</td></tr>
</table>

11. 高压线束与车身绝缘检测(因之前测量部件时，已经测量过四根高压线束，现在只测量快充线束的绝缘阻值即可)。

<table>
<tr><td rowspan="4">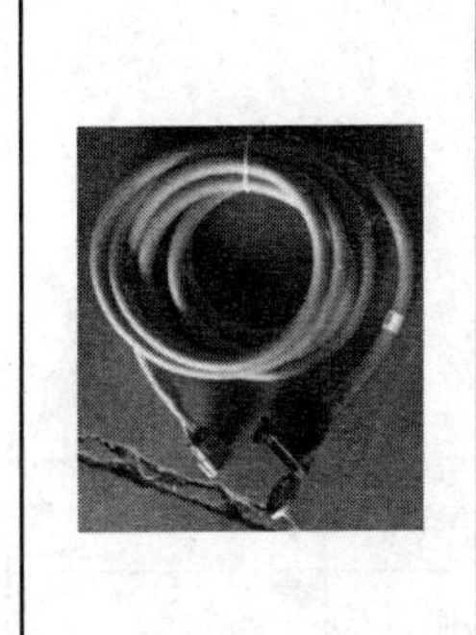</td><td rowspan="4">打开快充口，将绝缘万用表黑表笔接于车身，红表笔逐个测量快充口正、负极</td><td colspan="3">快充电源正极</td></tr>
<tr><td>标准值：<br>测量值：</td><td>是否故障</td><td></td></tr>
<tr><td colspan="3">快充电源负极</td></tr>
<tr><td>标准值：<br>测量值：</td><td>是否故障</td><td></td></tr>
</table>

**【任务评价】**

**任务技能评分记录表**

<table>
<tr><td colspan="2">选手姓名</td><td colspan="2"></td><td>选手工位号</td><td colspan="3"></td></tr>
<tr><td>序号</td><td>作业项目</td><td>内 容</td><td>配分</td><td>评 分 标 准</td><td>记录</td><td>扣分</td><td>得分</td></tr>
<tr><td rowspan="4">1</td><td rowspan="4">工具选用</td><td rowspan="4">选取工具和使用</td><td rowspan="4">20</td><td>错误选用工具扣 2 分/次</td><td></td><td></td><td></td></tr>
<tr><td>错误使用工具扣 2 分/次</td><td></td><td></td><td></td></tr>
<tr><td>工具掉落地面扣 2 分/次</td><td></td><td></td><td></td></tr>
<tr><td>未按规定整理工具扣 2 分</td><td></td><td></td><td></td></tr>
<tr><td>2</td><td>车辆保护</td><td>安装保护装置</td><td>20</td><td>安装漏掉一处扣 2 分</td><td></td><td></td><td></td></tr>
<tr><td rowspan="5">3</td><td rowspan="5">检查流程</td><td rowspan="2">检查条目</td><td rowspan="2">40</td><td>方法错误一处扣 2 分</td><td></td><td></td><td></td></tr>
<tr><td>漏检一处扣 2 分</td><td></td><td></td><td></td></tr>
<tr><td rowspan="3">技术要求</td><td rowspan="3">10</td><td>未达到相关技术参数每一处扣 2 分</td><td></td><td></td><td></td></tr>
<tr><td>错误每一处扣 1 分</td><td></td><td></td><td></td></tr>
<tr><td>忘记技术要求扣 5 分</td><td></td><td></td><td></td></tr>
<tr><td rowspan="2">4</td><td rowspan="2">清理作业</td><td rowspan="2">清理汽车和场地</td><td rowspan="2">10</td><td>车辆未清理扣 5 分</td><td></td><td></td><td></td></tr>
<tr><td>场地未清理扣 5 分</td><td></td><td></td><td></td></tr>
<tr><td>5</td><td>安全操作</td><td>安全操作</td><td colspan="2">发生安全事故以 0 分记</td><td></td><td></td><td></td></tr>
<tr><td>现场记录</td><td colspan="7"></td></tr>
<tr><td colspan="2">开始时间</td><td></td><td>结束时间</td><td></td><td>超时</td><td colspan="2"></td></tr>
<tr><td colspan="2">检测人</td><td></td><td>总分</td><td></td><td>评审教师</td><td colspan="2"></td></tr>
</table>

## 【学习工作页】

<table>
<tr><td rowspan="2"></td><td rowspan="2">新能源汽车维护与保养</td><td colspan="2">项目三：新能源汽车高压系统维护</td></tr>
<tr><td colspan="2">任务二：新能源汽车高压部件绝缘检测</td></tr>
<tr><td>班级：</td><td>日期：</td><td>姓名：</td><td>学号：</td></tr>
</table>

任务描述：掌握新能源汽车高压部件绝缘检测方法

1. 填空题

(1) 纯电动汽车的电气系统通常分为____________和____________。

(2) 低压系统为车辆的____________、____________、____________、____________等车身电气设备提供电能，一般采用直流____________电源。

(3) 纯电动及混合动力汽车高压系统主要由____________、____________和____________等组成，其工作电压一般在直流 200 V 以上。

(4) ____________是新能源汽车的核心部件，其价格昂贵，内部结构复杂，工作条件严苛。

(5) 现阶段主要使用的驱动电机类型有：____________、____________、____________和____________等。

2. 问答题

(1) 驱动电机的主要作用有哪些？

(2) DC-DC 变换器的作用是什么？

(3) 高压互锁的作用是什么？

(4) 高压部件绝缘检测的注意事项有哪些？

# 任务三　新能源汽车充电系统维护

【学习目标】

(1) 了解新能源汽车充电系统的类型及充电方式和相关要求；
(2) 掌握充电线束的连接方法及对其接口的相关要求；
(3) 掌握车载充电机的功能、工作流程，以及状态判断、故障分析的方法；
(4) 掌握 DC-DC 变换器的功能、工作流程，以及状态判断、故障分析的方法。

【任务载体】

某品牌新能源汽车。

【相关知识】

## 一、新能源汽车充电系统

### 1. 新能源汽车充电系统的功能

对于纯电动汽车和插电式混合动力汽车，动力电池充电通常应该完成以下三个功能：

(1) 在恢复动力电池容量的前提下，尽快完成动力电池额定容量的恢复，充电时间越短越好；

(2) 动力电池在放电使用过程中，电池性能由于深放电、极化等被破坏，充电过程要对其进行修复；

(3) 对电池补充充电，克服电池自放电引起的不良影响。

### 2. 新能源汽车对充电装置的要求

为使动力电池充电高效、安全、可靠，充电装置需要达到如下基本性能要求：

(1) 安全可靠。保证充电时，操作人员的人身安全和动力电池充电安全。

(2) 简单易用。充电装置要具有较高的智能性，不需要操作人员过多干预充电过程。

(3) 成本低。充电装置的成本降低，对降低整个新能源汽车使用成本，提高运行效益，促进新能源汽车的商业化推广有重要作用。

(4) 效率高。保证充电装置在充电全功率范围内的高效性，在长期的使用中可以节约大量的电能。另外，提高充电能量转换效率对新能源汽车全寿命经济性有重要作用。

(5) 对电网污染小。由于充电设备在使用中会产生对电网及其他用电设备有害的谐波污染，所以需要采用相应的滤波措施来降低充电过程对电网的污染。

### 3. 新能源汽车充电装置的类型

根据运营方式的不同，新能源汽车充电选置的类型可分为地面充电和车载充电两种。

(1) 地面充电。

地面充电是指当车辆动力电池需要充电时，将需要充电的电池从车体拆下，更换安装预先充满的电池，车辆快速驶离，继续运营或使用，将拆卸下来的电池放置于地面充电平台，进行补充充电。采取地面充电方式有利于电池维护，提高电池使用寿命和车辆使用效率，但对车辆及电池更换设备提出了更高的要求。地面充电可分为分箱充电和整组充电两种形式。

① 分箱充电。

分箱充电时，每台充电机与电池组中一箱电池的电池管理单元通信，并为该箱电池充电。采用这种充电方式提高了整个动力电池组的一致性，可延长动力电池组使用寿命，但需要的充电机较多，充电机与电池组间的连接线束较多，监控网络复杂，成本较高，如图3-3-1所示。

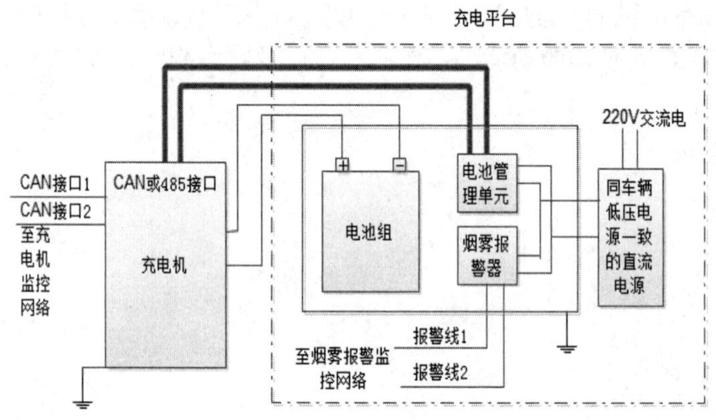


图 3-3-1 分箱充电

② 整组充电。

整组充电时，将动力电池组从车体拆卸下来后，需要按照电池组在车上的连接方式进行连接，通过一台充电机与电池管理单元建立通信，给整组电池充电，完成充电控制。采用这种充电方式，需要的充电机数量较少，监控网络简单，但与分箱充电方式相比，具有电池组一致性较差、使用寿命较短等缺点，如图3-3-2所示。

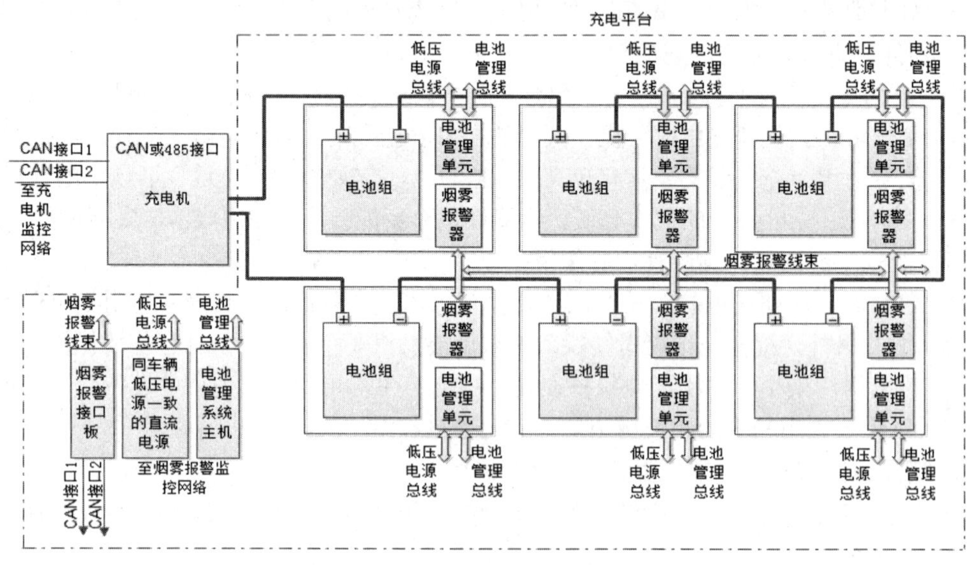


图 3-3-2 整组充电

(2) 车载充电。

车载充电是指当车辆需要充电时，动力电池无需从车体拆下，充电机与待充电车辆可直接通过充电插头进行连接，完成充电。车载充电方式具有充电操作过程简单，省去电池拆卸、电池存储、电池更换过程等优点；但缺点是车辆的运营或使用时间被充电过程占用，造成车辆利用率低，不利于保持电池组的一致性，影响电池组的使用寿命。

车载充电采用的充电机有两种形式：一种是安装在车上的车载充电机，这种充电机功率较小，多数在 5 kW 以下，充电电流小，充电所需的时间长，适于晚间停车充电白天使用的新能源汽车。另外一种是非车载快速充电机，这种充电机可以在 30 min 内充入保证车辆行驶超过 50 km 的电量，甚至部分车辆可以充到电池容量的 80%。目前市场上销售的新能源汽车，为了能够同时使用这两种充电机，需要在车辆上设置车载充电机接口和快速充电接口。比亚迪 E6 电动汽车的充电接口如图 3-3-3 所示。

图 3-3-3 比亚迪 E6 电动汽车的充电接口

### 4. 新能源汽车充电方式

(1) 慢充充电方式。

慢充充电方式使用交流 220 V 民用电，通过车载充电机整流变换，将交流电变换为高压直流电给动力电池充电。慢充充电的优点是：车载充电机及其安装成本较低，便于实现车载；可在晚间充分利用电力低谷进行充电，降低充电成本，保证充电时段电压相对稳定；充电设施体积小，可携带，便于车辆在停车场以外的地方充电。慢充充电如图 3-3-4 所示。

图 3-3-4 慢充充电

慢充充电系统主要由动力电池、高压控制盒、车载充电机、车内高压线束、慢充接口、慢充电缆、220 V 交流电源等部件组成，也可使用随车充电适配器直接插在家用电源上进行充电，但要注意使用 16 A 以上的插座。

(2) 快速充电方式。

快速充电方式是以较大的电流(150～400 A)为新能源汽车动力电池充电。快充充电一般使用工业 380 V 三相电作为电源，通过充电桩功率变换后，将高压大电流直流电通过母线直接给动力电池充电。快速充电系统主要由动力电池、高压配电盒、车内高压线束、快充接口、电源设备(快速充电桩)等部件组成，如图 3-3-5 所示。

图 3-3-5　快充充电

## 二、充电系统维护保养

### 1. 车载充电机

(1) 车载充电机的特点。

① 为延长动力电池使用寿命，根据电池特性设计充电曲线；

② 无需专人操作，使用方便，维护简单，智能充电；

③ 保护功能齐全，具有过流、过压、过热、短路、欠压、输出反接等保护功能；

④ 充电过程、电源状态及是否有故障，均设置有指示灯，一目了然，直观性强；

⑤ 采用高频开关技术，车载充电机体积小、重量轻、效率高。

(2) 车载充电机的控制策略及工作流程。

① 连接 220 V 交流供电电源；

② 低压唤醒整车控制系统；

③ 电池管理单元检测充电需求；

④ 车载充电机得到电池管理单元的工作指令，闭合继电器；

⑤ 车载充电机开始工作，进行充电；

⑥ 电池管理单元检测充电完成后，给车载充电机发送停止指令；

⑦ 车载充电机停止工作；

⑧ 继电器断开。

(3) 车载充电机常见故障及其排除方法。

① 车辆仪表显示车辆与充电设备未连接。

检测方法：检查充电桩与车辆两端充电枪是否接反。

② 动力电池继电器未闭合。

检测方法：检查插接器是否连接牢固；检查车载充电机输出唤醒是否正常。

③ 电池继电器正常闭合，但车载充电机无输出电流。

检测方法：检查充电口充电枪是否连接到位；检查高压熔断器是否完好；检查高压插接器及线束是否连接正确。

(4) 车载充电机日常保养的注意事项。

① 检查散热风扇是否有异物；

② 保证散热风道畅通，检查散热齿上是否有杂物；

③ 检查低压插接器是否松动，保证插接器连接可靠；

④ 检查高压插接器是否连接可靠；

⑤ 检查外壳是否有明显碰撞痕迹，是否对充电机内部模块造成损坏。

### 2. DC-DC 变换器

DC-DC 变换器的作用是将动力电池的直流高压电转换为 12 V 直流电给低压蓄电池充电并代替蓄电池为低压系统供电，相当于燃油汽车的发电机。DC-DC 变换器具有效率高、体积小、耐受恶劣工作环境等特点。

(1) DC-DC 变换器的工作流程。

① 启动钥匙置于 ON 位置，整车上电或充电唤醒；

② 动力电池完成高压系统预充电流程；

③ DC-DC 变换器得到整车控制器的工作信号；

④ DC-DC 变换器开始工作。

(2) DC-DC 变换器的功能检测。

① 关闭启动开关，断开所有用电器并拔出钥匙；

② 使用汽车专用万用表电压挡位测量低压蓄电池的电压(并记录此电压值)；

③ 将启动开关置于 ON 位置；

④ 再次测量低压蓄电池的电压，这个电压值就是 DC-DC 变换器的输出电压。

再次测量的 DC-DC 变换器输出电压正常值为 13.5～14 V 之间。如果两次测量电压数值相同，且均低于 13.5 V，说明 DC-DC 变换器未工作，有故障。此时，应检查插接器是否连接正常；检查高压熔断器是否完好；检查整车控制器是否给出工作信号。

(3) DC-DC 变换器日常保养的注意事项。

① 保证散热风道畅通，检查散热齿上是否有杂物；

② 检查低压插接器是否松动，保证插接器连接可靠；

③ 检查高压插接器是否连接可靠；

④ 检查外壳是否有明显碰撞痕迹，是否对 DC-DC 变换器内部模块造成损坏。

### 3. 充电线束检查

检查充电线的外观及插头状态，如有破损、裂痕，需及时更换。充电过程中充电线会产生热量，如有破损，会对驾乘人员和车辆造成伤害。使用充电线束进行充电作业前，应先检测充电线是否导通。

## 【任务准备】

(1) 实训开始前应做好个人着装、场地和工具准备；

(2) 进入车内操作前，应先铺好维护保养三件套；

(3) 进行前机舱操作之前，应先铺设翼子板护布；

(4) 多人一起作业时，启动运转设备或机器时必须事先向所有人发出操信号并确认安全，机器设备运行时，身体及衣服应远离转动部件；

(5) 使用绝缘万用表时，应注意选择合适的量程，用完及时关闭；

(6) 在对高压部件或高压线束操作时，应使用绝缘工具和防护设备，防止触电。

## 【任务实施】

1. 请完成纯电动汽车维修作业前检查及车辆防护，并记录相关信息。

(1) 维修作业前现场环境检查：

| | |
|---|---|
|  | 作业内容：<br><br>作业结果： |

(2) 维修作业前防护用具穿戴：

| | |
|---|---|
|  | 作业内容：<br><br>作业结果： |

(3) 维修作业前仪表工具检查：

| | |
|---|---|
| 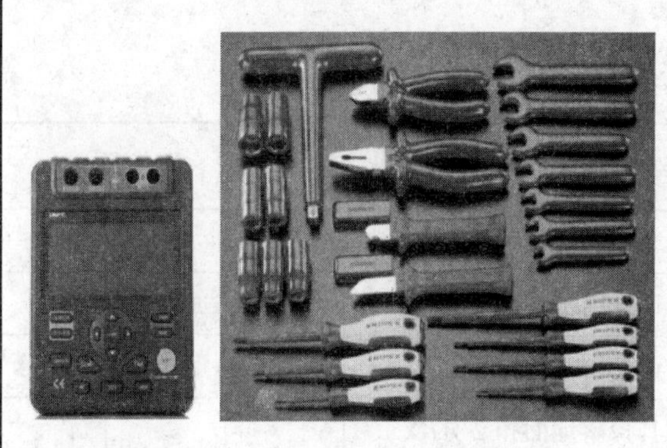 | 作业内容：<br><br>作业结果： |

(4) 维修作业前实施车辆防护：

| | |
|---|---|
|  | 作业内容：<br><br>作业结果： |

2. 请完成整车高压断电操作。

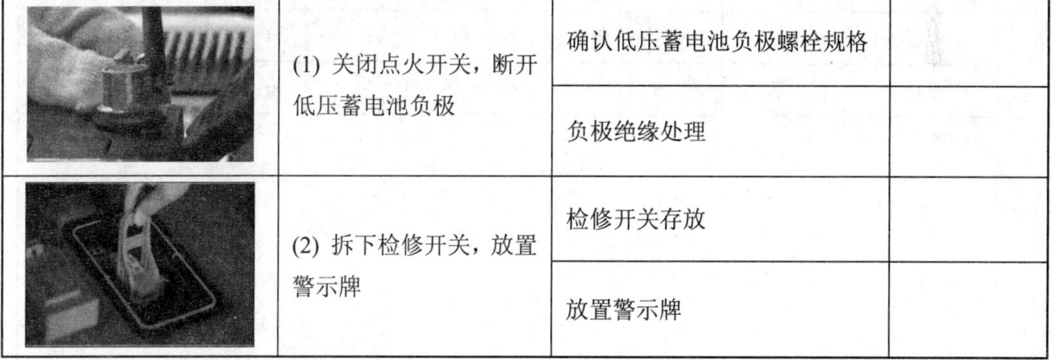

| | | | |
|---|---|---|---|
| | (1) 关闭点火开关，断开低压蓄电池负极 | 确认低压蓄电池负极螺栓规格 | |
| | | 负极绝缘处理 | |
| | (2) 拆下检修开关，放置警示牌 | 检修开关存放 | |
| | | 放置警示牌 | |

3. 插上充电枪，检查车载充电机的工作状态。
4. 检查慢充线外观。
5. 检查充电口盖的开关状态。
6. 检查 DC-DC 变换器功能。

(1) 将点火开关关闭，测量低压蓄电池电压；

(2) 将点火开关打开，再次测量低压蓄电池两端电压，此时为 DC-DC 变换器输出电压。

## 【任务评价】

**任务技能评分记录表**

<table>
<tr><td colspan="2">选手姓名</td><td colspan="2"></td><td>选手工位号</td><td colspan="3"></td></tr>
<tr><td>序号</td><td>作业项目</td><td>内容</td><td>配分</td><td>评 分 标 准</td><td>记录</td><td>扣分</td><td>得分</td></tr>
<tr><td rowspan="4">1</td><td rowspan="4">工具选用</td><td rowspan="4">选取工具和使用</td><td rowspan="4">20</td><td>错误选用工具扣 2 分/次</td><td></td><td></td><td></td></tr>
<tr><td>错误使用工具扣 2 分/次</td><td></td><td></td><td></td></tr>
<tr><td>工具掉落地面扣 2 分/次</td><td></td><td></td><td></td></tr>
<tr><td>未按规定整理工具扣 2 分</td><td></td><td></td><td></td></tr>
<tr><td>2</td><td>车辆保护</td><td>安装保护装置</td><td>20</td><td>安装漏掉一处扣 2 分</td><td></td><td></td><td></td></tr>
<tr><td rowspan="5">3</td><td rowspan="5">检查流程</td><td rowspan="2">检查条目</td><td rowspan="2">40</td><td>方法错误一处扣 2 分</td><td></td><td></td><td></td></tr>
<tr><td>漏检一处扣 2 分</td><td></td><td></td><td></td></tr>
<tr><td rowspan="3">技术要求</td><td rowspan="3">10</td><td>未达到相关技术参数每一处扣 2 分</td><td></td><td></td><td></td></tr>
<tr><td>错误每一处扣 1 分</td><td></td><td></td><td></td></tr>
<tr><td>忘记技术要求扣 5 分</td><td></td><td></td><td></td></tr>
<tr><td rowspan="2">4</td><td rowspan="2">清理作业</td><td rowspan="2">清理车辆和场地</td><td rowspan="2">10</td><td>车辆未清理扣 5 分</td><td></td><td></td><td></td></tr>
<tr><td>场地未清理扣 5 分</td><td></td><td></td><td></td></tr>
<tr><td>5</td><td>安全操作</td><td>安全操作</td><td colspan="2">发生安全事故以 0 分记</td><td></td><td></td><td></td></tr>
<tr><td>序号</td><td>作业项目</td><td>内容</td><td>配分</td><td>评 分 标 准</td><td>记录</td><td>扣分</td><td>得分</td></tr>
<tr><td>现场记录</td><td colspan="7"></td></tr>
<tr><td colspan="2">开始时间</td><td colspan="2"></td><td>结束时间</td><td></td><td>超时</td><td></td></tr>
<tr><td colspan="2">检测人</td><td colspan="2"></td><td>总分</td><td></td><td>评审教师</td><td></td></tr>
</table>

【学习工作页】

| | 新能源汽车维护与保养 | 项目三：新能源汽车高压系统维护 | |
|---|---|---|---|
| | | 任务三：新能源汽车充电系统维护 | |
| 班级： | 日期： | 姓名： | 学号： |

任务描述：掌握新能源汽车充电系统维护方法

1. 填空题

(1) 新能源汽车充电装置的类型有______________和______________两种。

(2) 电动汽车充电方式主要有______________、______________两种。

(3) 慢充系统主要由______________、______________、______________和动力电池组成。

(4) 地面充电分为______________和______________。

(5) DC-DC 变换器的工作流程是____________、____________、____________、____________。

2. 问答题

(1) 新能源汽车对充电装置的要求有哪些？

(2) 充电系统需要完成的功能有哪些？

(3) 简要说明车载充电机的特点。

# 任务四　新能源汽车电驱系统维护

【学习目标】

(1) 了解新能源汽车电驱系统的结构和作用；
(2) 了解新能源汽车电驱系统的技术参数；
(3) 掌握电驱系统基本检查项目和内容；
(4) 掌握电驱冷却系统维护方法。

【任务载体】

某品牌新能源汽车。

【相关知识】

## 一、电驱系统

### 1. 动力电池系统的组成及功能

动力电池系统主要由动力电池模组、电池管理系统(Battery Management System，BMS)、动力电池箱体及其他辅助元器件四部分组成，如图 3-4-1 所示。动力电池系统接收和储存由车载充电机、制动能量回收装置、发电机或外部快速充电装置提供的高压直流电，并且为电动机及电辅助系统提供能量。

图 3-4-1　动力电池系统

(1) 动力电池模组。

单体电池(也称电芯)是构成动力电池模块的最小单元，若干个单体电池并联组合成电池模块，多个电池模块串联组成的一个组合体，称为动力电池模组。

电池模块是由单体电池在物理结构和电路上连接起来的最小分组，可作为一个单元替换。电池模块的额定电压与单体电池的额定电压相等。

(2) 电池管理系统。

电池管理系统(BMS)是保护和管理电池的核心部件，在动力电池系统中，它的作用就相当于控制中枢，如图 3-4-2 所示。电池管理系统不仅要保证电池使用过程安全、可靠，而且要充分发挥电池的能力和延长使用寿命，同时作为电池和整车控制器以及驾驶者的沟通桥梁，通过控制接触器控制动力电池组的充放电，并向整车控制器传输动力电池系统的基本参数信号。

图 3-4-2 电池管理系统

(3) 动力电池箱体。

动力电池箱体用来包围、支撑、固定电池系统的组件，主要包含上盖和下托盘，还有过渡件、护板、螺栓、定位销等辅助部件。

动力电池箱体有承载和保护动力电池组及电气元件的作用。电池箱体连接在车身下方，防护等级为 IP67，螺栓拧紧力矩一般为 80～120 N·m。底盘维护保养时，需观察动力电池箱体螺栓是否牢固，动力电池箱体是否破损、变形，密封是否完整，并确保动力电池工作正常。

(4) 辅助元器件。

辅助元器件包括动力电池系统内部的熔断器、继电器、分流器、接插件、紧急开关、烟雾传感器等电子电器元件，以及检修塞、密封条、绝缘材料等电子电器元件以外的辅助元器件，如图 3-4-3 所示。

图 3-4-3 辅助元器件

### 2. 动力电池主要性能指标

动力电池主要性能指标有电池容量、能量、自放电率、比能量、比功率、荷电状态、放电深度和循环寿命等，这些参数表征了动力电池性能的优劣及对车辆续航能力的影响。

(1) 容量，表征电池储存电量的能力，单位是 A·h。电池容量的测量方法是在恒定的温度下，以恒定的放电速率对电池放电。当电池电压降到截止电压时，电池放出的电量即电池容量。

(2) 能量，是指在相关标准所规定的放电制度下，电池所输出的电能，单位为瓦时(W·h)或千瓦时(kW·h)。

(3) 自放电率，又称荷电保持能力，是指在开路状态下，电池所存储的电量在一定条件下的保持能力。

(4) 比能量，单位质量或单位体积的电池释放的能量，单位是 W·h /kg 或 W·h /L。

(5) 比功率，单位质量或单位体积的电池所具有的输出功率，单位是 W/kg 或 W/L。

(6) 荷电状态，剩余容量与总容量的百分比，也称电池的剩余电量。

(7) 放电深度，实际放电容量与总容量的百分比，用于描述电池放电状态。

(8) 循环寿命，是指电池容量降低(衰减)到某一规定值之前，电池能经受多少次充电与放电的循环。一般当电池的额定容量降到额定值的 80%时，循环寿命即结束。

### 3. 动力电池安装

大部分纯电动汽车的动力电池组都安装在汽车底盘上，这样会使整车重量分布均衡，重心下降，行驶更加平稳并且释放大量空间，提高了车辆的空间利用率，如图 3-4-4 所示。

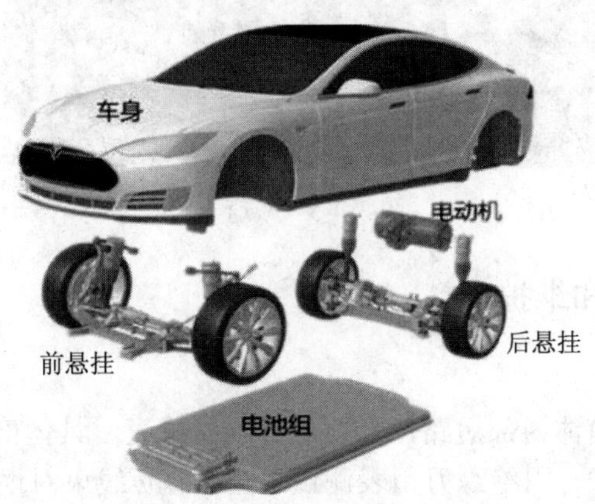


图 3-4-4　动力电池安装位置

### 4. 驱动电机的作用及分类

现阶段新能源汽车主要使用的电机类型有直流电动机、交流异步电动机、永磁同步电动机和开关磁阻电动机等。

在新能源汽车中，车辆通过驱动电机实现正常行驶和能量回收。正常行驶是指在驱动电机的作用下车辆能够实现正常行驶；能量回收也可称为再生制动，是新能源汽车节能的主要措施之一，制动或滑行时，电动机可实现能量回收，一般可回收 10%~15%的能量。

### 5. 驱动电机的性能参数

(1) 额定转速。额定转速是指在额定功率下驱动电机的转速。

(2) 电机转矩。驱动电机转矩即电动机的输出扭矩，为电动机的基本参数之一。

(3) 额定功率。额定功率是指驱动电机在额定电压、额定环境等条件下电机轴上的输出功率。

(4) 工作效率。工作效率指驱动电机有效输出功率与总功率的比值，不同类型电机的效率曲线不同。

### 6. 驱动电机连接

新能源汽车的驱动系统布置形式目前主要有 4 种典型结构，即传统的驱动方式、电动机—驱动桥组合驱动方式、电动机—驱动桥整体式驱动方式、轮毂电动机分散驱动方式。

### 7. 减速器

电动汽车减速器主要由输入轴、万向节壳、通气塞、油底壳、齿轮等部件组成，其构造如图 3-4-5 所示。减速器与差速器制造时合二为一，安装在一个壳体中。电动机高速运转时，通过中间齿减速增扭后传递给差速器，再由差速器通过万向传动轴带动车轮，驱动车辆行驶。

图 3-4-5 减速器

## 二、动力电池的检查和维护

### 1. 绝缘检查

为了防止动力电池箱体内部短路，需要进行绝缘检查。具体检查方法是：将动力电池箱体内部高压盒插头打开，用绝缘万用表测试总正、总负线束对地绝缘电阻，选择 1000 V 电压挡，测得的阻值应大于等于 500 Ω/V。

### 2. 模组连接件检查

为了防止螺栓松动造成故障，需要进行模组连接件检查。具体检查方法是：用做好绝缘的扭力扳手紧固螺栓，拧紧力矩参考维修手册，检查完成后，做好极柱绝缘。

### 3. 电池内部温度采集点检查

为了确保测温点工作正常，需要进行电箱内部温度采集点检查。具体检查方法是：对比 ECU(Electronic Control Unit)监控的温度和利用红外热像仪测得的温度，检查温度感应的精度。

### 4. 电压采集线检查

为了防止电压采集线束破损导致测试数据不准，需要进行电压采集线检查。具体检查方法是：将电压采集线束从板接插件上拆下并重新安装。

### 5. 高压标识检查

为了防止高压标识脱落，需要目测检查标识。

### 6. 熔断器检查

为了确保熔断器状态良好，遇电路故障时能正常工作，需要对熔断器进行检查。具体检查方法是：利用万用表蜂鸣挡测量通断。

### 7. 动力电池箱体密封性检查

为了保证动力电池箱体密封良好，防止灰尘和水进入箱体，需要对动力电池箱体密封性进行检查。具体检查方法是：目测密封条或直接更换。

### 8. 继电器测试

为了防止因继电器损坏致使车辆无法正常上电，需要对继电器进行测试。具体测试方法是：采用监控软件启动、关闭总正继电器和总负继电器。

### 9. 高、低压接插件可靠性检查

为了确保高、低压接插件正常使用，需要对高、低压接插件进行可靠性检查。具体检查方法是：目测插接件是否松动、破损、腐蚀，利用绝缘万用表检测插接件可靠性。

### 10. 动力电池箱体内部其他零部件检查

为了保证动力电池箱体内部辅助部件能正常使用，需要对其进行检查。具体检查方法是：利用扭力扳手检查紧固件是否松动、破损、脱落等。

### 11. 动力电池箱体安装点检查

为了防止动力电池箱体脱落，需要对其安装点进行检查。具体检查方法是：目测检查每个安装点焊接处是否有裂纹。

### 12. 动力电池箱体外观检查

为了确保动力电池箱体未受到外界因素影响，需要对其外观进行检查。具体检查方法是：目测动力电池箱体有无变形、裂痕、腐蚀和凹痕等情况。

### 13. 动力电池保温检查

为了确保动力电池内部温度恒定，需要对其保温性能进行检查。具体检查方法是：目测检查动力电池内部边缘保温棉是否脱落、损坏。

### 14. 动力电池高、低压线缆安全性检查

为了确保动力电池内部线缆完好，需要对高、低压线缆安全性进行检查。具体检查方法是：目测动力电池箱体内部线缆是否破损、被挤压。

### 15. CAN 总线电阻检查

为了确保通信质量，需要对 CAN 总线电阻进行检查。具体检查方法是：在动力电池下电情况下，利用万用表欧姆挡测量 CAN-H 对 CAN-L 的电阻。

### 16. 动力电池箱体内部干燥性检查

为了确保动力电池箱体内部无水渍，需要对其内部干燥性进行检查。具体检查方法是：打开动力电池箱体，目测内部是否有积水，并用绝缘万用表测量动力电池箱体的绝缘电阻。

### 17. 电池加热系统测试

为了确保加热系统工作正常，避免低温影响充电，需要对电池加热系统进行测试。具体测试方法是：为动力电池箱体接通 12 V 电源，打开监控软件，启动加热系统，目测风扇运转是否正常。

## 三、驱动电机的检查和维护

### 1. 驱动电机

(1) 目测驱动电机外观有无破损、漏液；

(2) 检测驱动电机与电机控制器连接线束是否松动。

### 2. 冷却系统

(1) 冷却液质量检查。冷却液质量检查包括冷却液外观检查和冷却液冰点检测。

① 冷却液外观检查。根据《GB29743—2013 机动车发动机冷却液》规定，目视冷却液，其外观应清亮透明，无沉淀及悬浮物，无刺激性气味。

② 冷却液冰点检测。冷却液冰点使用冰点仪测量，其冰点应该低于当地最低气温的10℃以上，这样才可保证安全使用，如图 3-4-6 所示。

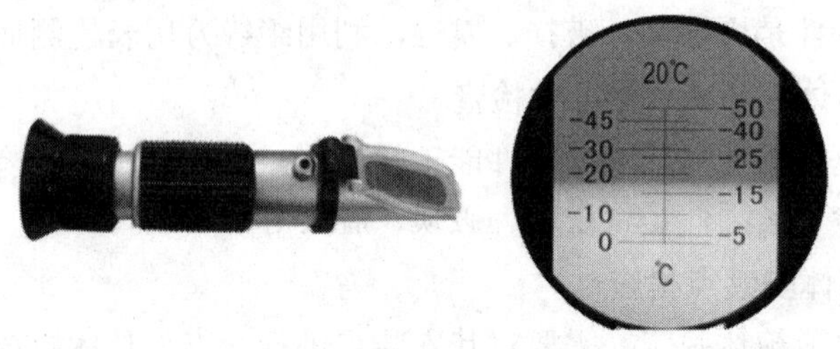


图 3-4-6 冷却液冰点检测

(2) 冷却液液位检查。在冷却液处于冷态时，目视检查膨胀水箱内的冷却液液位，液位应保持在“MAX”和“MIN”两条标记线之间。

注意：在检查前机舱任何部件之前，车辆都需要断电，将启动开关置于 OFF，拔出钥匙，断开低压蓄电池负极；在打开散热器盖检查冷却液外观质量前，必须确认电动机、电机控制器、DC-DC 变换器以及散热器均已冷却，否则可能会导致冷却液喷出，造成人员烫伤。

(3) 检查冷却系统有无泄漏现象。检查冷却系统各管路和各部件接口处有无冷却液泄漏；检查散热器盖有无泄漏、软管处有无泄漏，芯体是否老化、堵塞，若有应予以更换。

(4) 导线检查。检查电动水泵电源导线是否老化、破皮、铜芯外漏，若有应及时更换线束。

(5) 冷却液更换。在正常情况下，汽车行驶 30 000～40 000 km 或者 3 年左右，就需要更换冷却液，并对冷却系统进行清洗。冷却液更换方法如下：

① 打开散热器密封盖。为防止热蒸汽溢出，打开散热器密封盖前，要按规定戴好护目镜并穿好防护服，用抹布盖住密封盖并小心打开，以免烫伤眼睛和皮肤。

② 将收集盘置于车下，打开散热器底部的排放塞，防止废液污染环境。

(6) 冷却系统清洗。冷却系统内部清洗的方法步骤如下：

① 取下散热器盖前，要确保水泵停止工作并处于冷却状态；

② 打开散热器底部的排放塞，排空冷却液；

③ 拧紧排放塞，向冷却系统中注入纯净水，并添加适量清洗剂，注意不要超过副水箱的“MAX”标线；

④ 启动水泵，空转水泵 30 分钟(或者按照清洁剂使用要求进行操作)；

⑤ 关掉水泵，冷却 5 分钟，将散热器内的液体排空；

⑥ 关上排放塞，再次向副水箱注满清水并让水泵空转 5 分钟后排空，排出的水必须干净，否则重复清洗。

(7) 冷却液的加注。

① 关紧冷却液排放塞，向副水箱加注冷却液至最高限，注意只允许使用该品牌汽车指定的冷却液，不允许与先前的冷却液添加剂混合，以防不同化学成分引起反应；

② 开启电动水泵，水泵循环运行 2～3 分钟后再补充冷却液，重复以上加注操作，直至达到冷却系统加注量要求，补充加注至上限位置；

③ 电机冷却后，水箱中冷却液液位应处于两条刻度线之间，如图 3-4-7 所示；

④ 如果更换了散热器、驱动电机等，需要重新更换冷却液；

⑤ 冷却液具有毒性和腐蚀性，如不慎溅到皮肤上，应尽快用大量清水冲洗，加注时应避免泼溅到车身上损坏漆面。

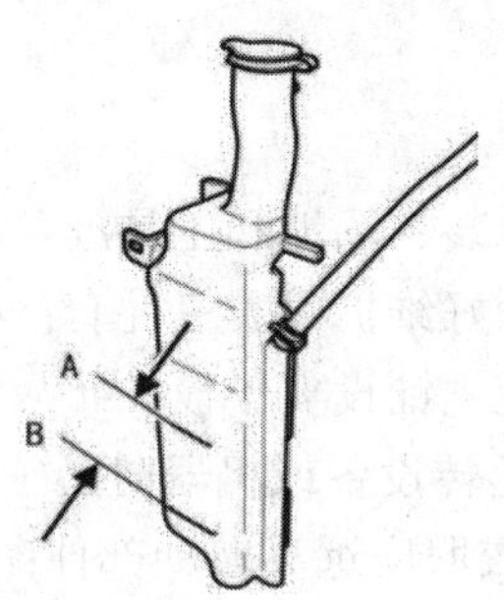


图 3-4-7　冷却液液位

## 3. 减速器

(1) 目测减速器壳体，检查有无磕碰、变形，有无渗油、漏油现象。减速器渗油、漏油现象的主要原因是输入轴油封磨损或损坏、差速器油封磨损或损坏、油塞处漏油、箱体破裂、油量过多由通气塞冒出等。

(2) 减速器润滑油的检查。

① 确认车辆处于水平状态，检查减速器是否有漏油痕迹，如有则分析漏油原因，修理漏油部位；

② 拆下油位螺塞，检查油位，如润滑油与油位螺塞齐平，则说明油位正常，否则应加注规定级别的润滑油，直到油位螺塞孔口出油为止。

(3) 减速器润滑油的更换。

① 在更换润滑油前，必须停车断电，水平提升车辆；

② 检查减速器油位以及是否漏油，如有漏油，应及时予以处理；

③ 拆下放油螺塞，排放废油；

④ 放油螺塞涂抹少量密封胶，并按规定力矩拧紧；

⑤ 拆下油位检查螺塞、进油螺塞；

⑥ 按规定的型号、油量(加注到油位孔)加注润滑油；

⑦ 油位螺塞、进油螺塞涂抹少量密封胶，并按规定力矩拧紧。

## 四、新能源汽车长期停放时电驱系统维护

### 1. 低压电池维护

(1) 当车辆需停放较长时间(7 天以上)时，需要断开低压蓄电池负极；

(2) 如车辆停放超过 7 天以上，需每周接通一次高压电(接通四小时左右，直至 READY 绿灯点亮)，使动力电池通过 DC-DC 变换器给低压蓄电池充电。

### 2. 动力电池维护

(1) 当车辆停放 7 天以上时，应保证动力电池剩余电量在 50%以上；

(2) 车辆停放超过 3 个月，应做一次充放循环，将车辆行驶放电至剩余电量的 30%以下，使用慢充方式给动力电池充电至 100%后，再将车辆行驶放电至 50%～80%后停放；

(3) 当车辆停放时，动力电池会发生自放电，当电池电量在 30%以下时需要及时充电，以防动力电池过度放电，影响动力电池性能。

## 【任务准备】

(1) 实训开始前应做好个人着装、场地和工具准备；

(2) 进入车内操作前，应先铺好维护保养三件套；

(3) 进行前机舱操作之前，应先铺设翼子板护布；

(4) 多人一起作业时，启动运转设备或机器时必须事先向所有人发出操作信号并确认安全，机器设备运行时，身体及衣服应远离转动部件；

(5) 使用绝缘万用表时，应注意选择合适的量程，用完及时关闭；

(6) 在对高压部件或高压线束操作时，应使用绝缘工具和防护设备，防止触电。

## 【任务实施】

1. 请完成纯电动汽车维修作业前检查及车辆防护，并记录相关信息。

(1) 维修作业前现场环境检查：

| | |
|---|---|
|  | 作业内容：<br><br>作业结果： |

(2) 维修作业前防护用具穿戴：

| | |
|---|---|
|  | 作业内容：<br><br>作业结果： |

(3) 维修作业前仪表工具检查：

| | |
|---|---|
| 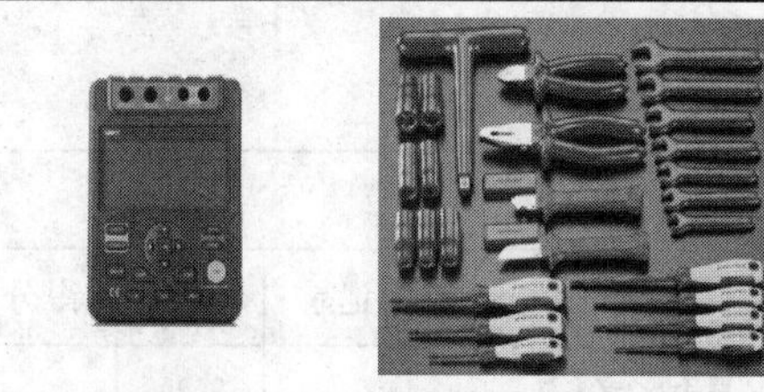 | 作业内容：<br><br>作业结果： |

(4) 维修作业前实施车辆防护：

| | |
|---|---|
|  | 作业内容：<br><br>作业结果： |

2. 请完成整车高压断电操作。

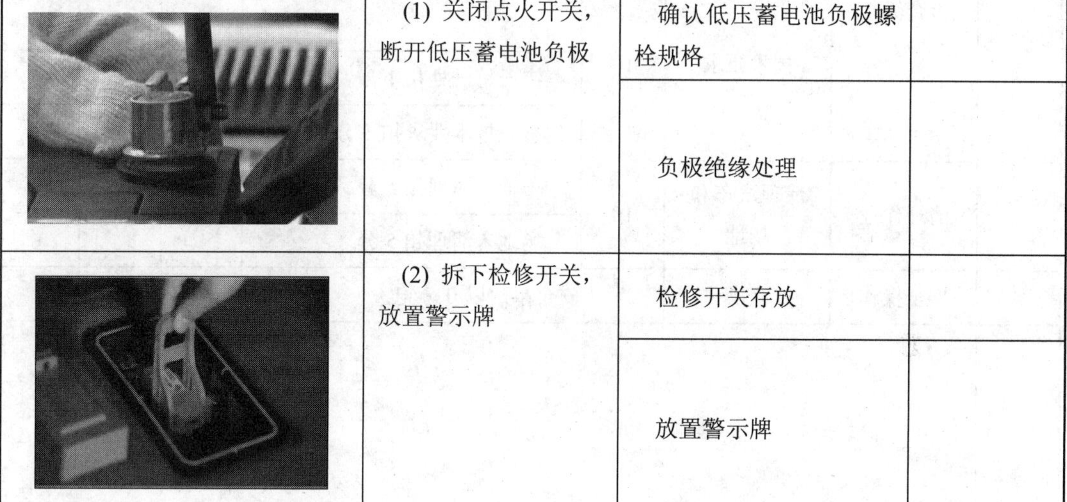

| | | | |
|---|---|---|---|
| | (1) 关闭点火开关，断开低压蓄电池负极 | 确认低压蓄电池负极螺栓规格 | |
| | | 负极绝缘处理 | |
| | (2) 拆下检修开关，放置警示牌 | 检修开关存放 | |
| | | 放置警示牌 | |

3. 车辆下电并举升后，检查动力电池外观及接插件状态。
4. 按照流程拆下动力电池。
5. 清洁动力电池外表面。
6. 拆卸动力电池外壳。
7. 检查动力电池模组连接线束。
8. 测量动力电池模组电压。
9. 测量电池预充阻值是否符合要求。
10. 练习检查及更换冷却液。
11. 练习检查及更换减速器润滑油。

## 【任务评价】

### 任务技能评分记录表

| 选手姓名 | | | 选手工位号 | | | | |
|---|---|---|---|---|---|---|---|
| 序号 | 作业项目 | 内　容 | 配分 | 评 分 标 准 | 记录 | 扣分 | 得分 |
| 1 | 工具选用 | 选取工具和使用 | 20 | 错误选用工具扣 2 分/次 | | | |
| | | | | 错误使用工具扣 2 分/次 | | | |
| | | | | 工具掉落地面扣 2 分/次 | | | |
| | | | | 未按规定整理工具扣 2 分 | | | |
| 2 | 车辆保护 | 安装保护装置 | 20 | 安装漏掉一处扣 2 分 | | | |
| 3 | 检查流程 | 检查条目 | 40 | 方法错误一处扣 2 分 | | | |
| | | | | 漏检一处扣 2 分 | | | |
| | | 技术要求 | 10 | 未达到相关技术参数每一处扣 2 分 | | | |
| | | | | 错误每一处扣 1 分 | | | |
| | | | | 忘记技术要求扣 5 分 | | | |
| 4 | 清理作业 | 清理汽车和场地 | 10 | 车辆未清理扣 5 分 | | | |
| | | | | 场地未清理扣 5 分 | | | |
| 5 | 安全操作 | 安全操作 | 发生安全事故以 0 分记 | | | | |
| 现场记录 | | | | | | | |
| 开始时间 | | 结束时间 | | 超时 | | | |
| 检测人 | | 总分 | | 评审教师 | | | |

【学习工作页】

<table>
<tr><td rowspan="2"></td><td rowspan="2">新能源汽车维护与保养</td><td colspan="2">项目三：新能源汽车高压系统维护</td></tr>
<tr><td colspan="2">任务四：新能源汽车电驱系统维护</td></tr>
<tr><td>班级：</td><td>日期：</td><td>姓名：</td><td>学号：</td></tr>
</table>

任务描述：掌握新能源汽车电驱系统维护方法

1. 填空题

(1) 动力电池系统主要由______________、______________、______________及______________四部分组成。

(2) ______________是保护和管理电池的核心部件。

(3) 动力电池主要性能指标有____________、____________、____________、______________、______________、______________、______________和循环寿命等。

(4) 减速器主要由____________、____________、____________、____________齿轮等部件组成。

(5) 驱动电机的性能参数有______________、______________、______________、____________。

2. 问答题

(1) 动力电池检查和维护的项目有哪些？

(2) 如何对冷却系统内部进行清洗？

(3) 如何更换减速器润滑油？

# 项目四　新能源汽车底盘系统维护

## 任务一　新能源汽车底盘基本检查

【学习目标】

(1) 了解新能源汽车底盘构造及作用；
(2) 掌握底盘主要零部件的检查维护方法。

【任务载体】

对某电动汽车的底盘系统进行基本检查。

【相关知识】

### 一、新能源汽车底盘的构造及作用

汽车底盘由传动系统、行驶系统、转向系统和制动系统四部分组成。底盘的作用是支承、安装汽车电动机及其他各部件、总成，形成车辆整体造型，并接受电动机的动力，使车辆正常行驶。

新能源汽车的底盘部件跟传统燃油车没有太大区别，布置形式类似，最主要的不同点是变速器的结构。传统燃油车的变速器会根据车型不同设计出不同的挡位，变速器根据不同的挡位输出不同的动力，而新能源汽车中只有三个挡位，即前进挡(D)、空挡(N)、倒挡(R)。纯电动汽车的变速器又被称为等速比变速器，车辆的速度改变是由驱动电机来控制的。以纯电动车为例，下面介绍其底盘系统。

1. 传动系统

纯电动汽车传动系统一般由驱动电机、变速器(减速器)、差速器和传动轴等组成，如图 4-1-1 所示。汽车电动机的动力靠传动系统传递到驱动车轮。

传动系统具有加速、减速、倒车、中断动力、轮间差速和轴间差速等功能，它与驱动电机配合工作，能保证汽车在各种工况条件下正常行驶，并具有良好的动力性和经济性。

图 4-1-1　传动系统

### 2. 行驶系统

行驶系统由车架、车桥、车轮和悬架等组成，如图 4-1-2 所示。

图 4-1-2　行驶系统

行驶系统接受传动轴的动力，驱动车轮与路面作用产生牵引力，使车辆正常行驶。行驶系统承受车辆的总重量和地面的反力，缓和不平路面对车身造成的冲击，减弱汽车行驶中的震动，保证行驶的平顺性，同时与转向系统配合，保证车辆操纵的稳定性。

### 3. 转向系统

转向系统由方向盘、转向器、横拉杆、转向节、转向车轮等部件组成，如图 4-1-3 所示。

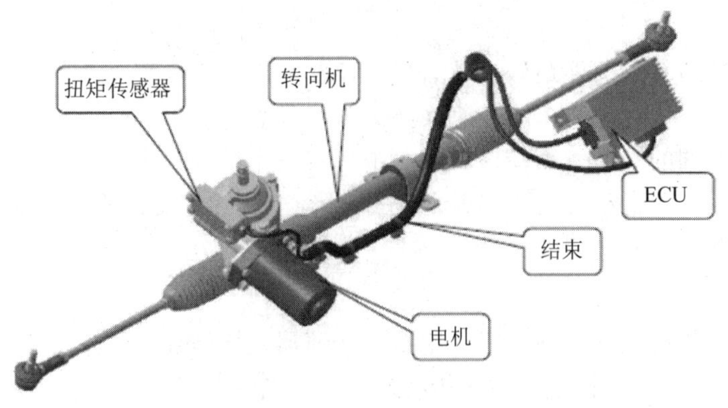


图 4-1-3　转向系统

转向系统按照驾驶员的驾驶意图控制车辆行驶方向，保证行驶方向的稳定性和转向操作的轻便性。

**4. 制动系统**

制动系统由制动操纵装置、前后轮制动器、制动助力装置等组成，如图 4-1-4 所示。制动系统可使行驶中的汽车按照驾驶员意图进行减速甚至停车，可使已停驶的汽车在各种道路条件下稳定驻车，也可使下坡行驶的汽车保持速度稳定。

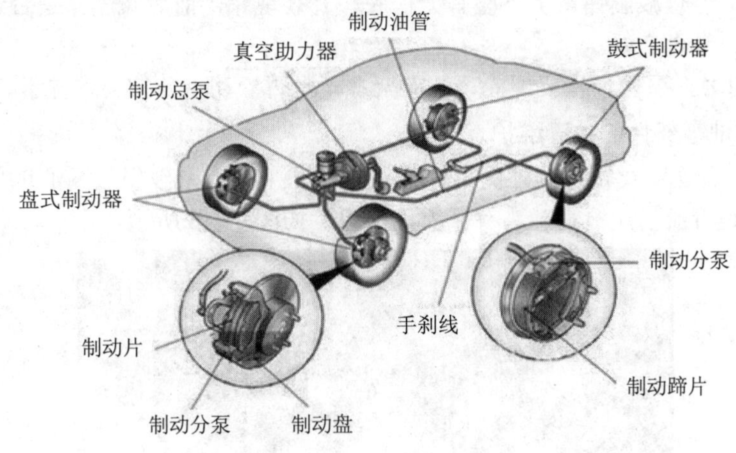


图 4-1-4 制动系统

## 二、新能源汽车底盘检查与维护

新能源汽车底盘的大多数零部件在裸露的环境下或高速旋转或频繁工作，工作环境恶劣，容易受复杂外力、温度等因素影响。底盘总成的性能关系到车辆的驾驶平顺性、乘坐舒适性以及安全性，因而底盘零部件需要定期维护。

**1. 悬架**

车架(或车身)与车轴(或车轮)之间的弹性连接装置被称为汽车悬架系统，悬架主要由弹性元件、减震器、导向机构和横向稳定杆组成，如图 4-1-5 所示。悬架的主要功能是以弹性连接车桥和车架(或车身)缓和行驶中车辆受到的冲击力，减弱由弹性系统引起的震动，在行驶过程中保持车辆稳定，提高舒适性及操作稳定性。

图 4-1-5 悬架

### 2. 悬架系统检查维护

(1) 将车辆停放在坚实平整的地面上，保持四个车轮胎压一致，目测车身是否倾斜，若倾斜则需进一步检查各个减震器、减震弹簧的状况。

(2) 分别用力按压车辆前后左右四侧，检查各减震器、悬架是否有异响、漏油现象。

(3) 使用扭力扳手检查减震器上方连接螺栓是否松动，并按要求拧紧。

(4) 举升车辆，目测减震器是否出现凹痕、损坏、变形等情况，以及减震弹簧有无扭曲、裂纹情况。检查减震弹簧上下座有无松脱、开裂现象，前后减震器是否漏油，防尘罩有无裂纹，油封是否完好。

(5) 使用扭力扳手检查悬架螺栓、各支架螺栓是否松动，并按要求拧紧。

### 3. 底盘其他零部件的检查维护

(1) 检查左右摆臂及转向器外侧拉杆球头上的防尘罩有无破损、漏油现象，检查球头的摆动与转动是否流畅，检查球头有无松动现象，如图 4-1-6 所示。

图 4-1-6　检查左右摆臂及转向器外侧拉杆球头

(2) 目测驱动电机外壳是否有磕碰损坏现象，并判断是否影响电机正常工作。检查减速器外表是否有磕碰损坏、漏油现象，如有应予以更换，如图 4-1-7 所示。

图 4-1-7　驱动电机、减速器检查

(3) 清洁电机外部，检查电驱动系统插接件状态，检查驱动电机及减速器在前悬支架的紧固情况，按规定转矩上紧。

(4) 目视检查动力电池箱体外表有无碰撞、破损现象，如有应进一步检查是否影响使用安全。检查动力电池固定螺栓是否松动，如有应按规定转矩上紧。

(5) 检查车下高压系统电缆防护套是否进水、老化、破损，若有损坏，应进一步检查绝缘状况并及时更换。检查控制系统各插接头是否松动，如有应按要求拧紧。

(6) 检查制动系统液压管道紧固状况是否完好，管路接头有无漏油，如有问题应及时处理，如图 4-1-8 所示。

图 4-1-8　液压管道检查

(7) 举升车辆，转动车轮，检查万向传动轴转动是否正常，有无异响；检查万向节护套是否破损。

## 【任务准备】

(1) 实训开始前应做好个人着装、场地和工具准备；

(2) 进入车内操作前，应先铺好维护保养三件套；

(3) 进行前机舱操作之前，应先铺设翼子板护布；

(4) 启动举升设备前，检查周围情况，保证安全；

(5) 底盘系统检查工作在车辆下方完成，需要戴安全帽；

(6) 在对高压部件或高压线束操作时，应使用绝缘工具和防护设备，防止触电。

## 【任务实施】

(1) 举升车辆，目测传动轴、万向节防护套有无泄漏或损坏，并做记录。

(2) 目测车辆底部及驱动电机是否有磕碰、损坏。

(3) 目测车辆底部、轮罩和边缘是否有磕碰、损坏。

(4) 检查驱动电机及减速器前悬支架的固定螺栓，并按照规定力矩拧紧。
(5) 检查减速器是否漏油。
(6) 检查底部高压线缆保护套有无进水、老化、破损。
(7) 检查悬架支架与车身连接固定螺栓情况，并按压车辆观察悬架。
(8) 对某品牌混合动力汽车底盘进行基本检查，并总结检查流程。

## 【任务评价】

任务技能评分记录表

| 序号 | 项 目 | 评 分 标 准 | 得 分 |
|---|---|---|---|
| 1 | 接收工作任务 | 明确工作任务 | |
| 2 | 咨询 | 知道护目镜等防护设备穿戴规范 | |
| 3 | | 了解底盘部分的组成和功能 | |
| 4 | 计划 | 能协同小组分工 | |
| 5 | | 实施前准备好设备 | |
| 6 | 实施 | 正确完成防护设备穿戴 | |
| 7 | | 正确使用扭力扳手和绝缘工具 | |
| 8 | | 规范使用举升机 | |
| 9 | | 现场恢复整理 | |
| 10 | 检查 | 操作过程规范 | |
| 总 分 | | | |

【学习工作页】

| | | | |
|---|---|---|---|
| | 新能源汽车维护与保养 | 项目四：新能源汽车底盘系统维护 | |
| | | 任务一：新能源汽车底盘基本检查 | |
| 班级： | 日期： | 姓名： | 学号： |

任务描述：掌握新能源汽车底盘基本检查方法

1. 填空题

(1) 传统燃油汽车的底盘由________、________、________和________四部分组成。

(2) 汽车的底盘工作环境恶劣，大多数零部件在裸露的环境下或高速旋转或频繁工作，容易受复杂外力、温度等因素的影响，关系到车辆正常运转和驾驶________、乘坐的________以及________。

(3) 轿车一般________为转向驱动轮，驱动轮毂与差速器之间通过________相连接，其两端为________。

(4) 转向系统由________、________、________、________、________等构成。

(5) 制动系统由________、________、________等组成。

2. 问答题

(1) 简要说明新能源汽车与传统燃油车底盘系统的区别。

(2) 行驶系统的作用是什么？

(3) 简要说明制动系统的分类和工作过程。

# 任务二　新能源汽车行驶系统维护

【学习目标】

(1) 掌握轮胎的检查方法；
(2) 熟悉轮胎换位方法；
(3) 掌握轮胎的动平衡操作规范；
(4) 掌握车轮定位仪的操作方法。

【任务载体】

某新能源汽车进行 5000 km 例行保养时，对车轮做检查与维护。

【相关知识】

## 一、轮胎的性能

轮胎的性能主要包括滚动阻力、产生热量、制动性能、胎面花纹噪声、驻波、浮滑现象、转弯性能和轮胎磨损等，如图 4-2-1 所示。

图 4-2-1　车轮的性能

## 二、轮胎的分类

### 1. 按轮胎的结构分类

按照结构类型不同，轮胎可分为子午线轮胎和斜交轮胎。

(1) 子午线轮胎。子午线轮胎，其胎体帘线与钢丝带束层帘线之间所形成的角度如同地图上的子午线一样，所以称为子午线轮胎，如图 4-2-2 所示。

(2) 斜交轮胎。斜交轮胎，其胎体帘线层与缓冲层之间呈交叉排列，如图 4-2-3 所示。

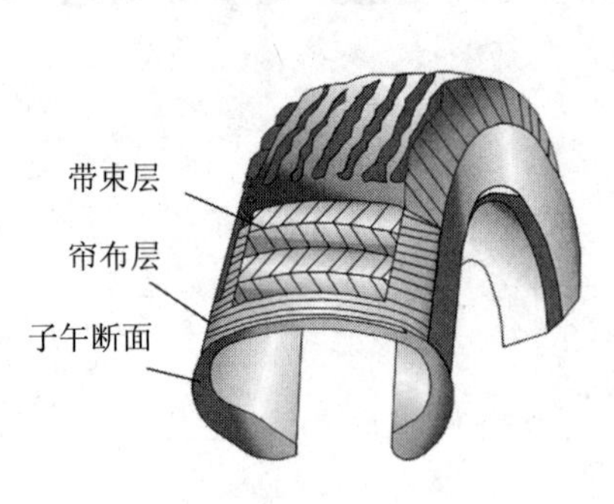


图 4-2-2 子午线轮胎

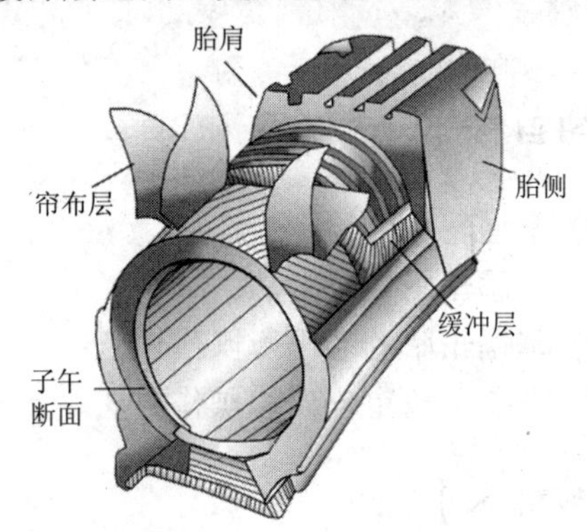


图 4-2-3 斜交轮胎

### 2. 按气候条件分类

按照行驶气候条件不同，轮胎可分为雪地轮胎、夏季轮胎、全天候轮胎三种类型。

### 3. 按轮胎花纹分类

按照花纹类型不同，轮胎可以分为条形花纹轮胎、横向花纹轮胎、混合花纹轮胎和越野花纹轮胎，如表 4-2-1 所示。

**表 4-2-1 轮胎花纹分类**

| 类型 | 花纹形状 | 花纹特性 | 适用条件 | 实例 |
|---|---|---|---|---|
| 条形花纹 | 花纹延圆周连接在一起 | (1) 低滚动阻力<br>(2) 优良的乘坐舒适性<br>(3) 防侧滑，转向稳定性优异<br>(4) 噪音低 | 铺装路面<br>高速 | |
| 横向花纹 | 横向切割的花纹 | (1) 出色的驱动力和制动力<br>(2) 强大的牵引力 | 普通路面<br>非铺装路面 | |
| 混合花纹 | 横纹和纵纹相结合的花纹 | (1) 纵纹提供转向稳定性并有助于防止侧滑<br>(2) 横纹改善了驱动力、制动力及牵引力 | 普通路面<br>非铺装路面 | |
| 越野花纹 | 由独立的块组成的花纹 | (1) 出色的驱动力和制动力<br>(2) 在雪地和泥泞路面上具有良好的转向稳定性 | 普通路面<br>非铺装路面 | |

## 三、轮胎规格

轮胎的规格用外胎直径 D、轮辋直径 d、断面宽度 B 和断面高度 H 等尺寸代号表示，如图 4-2-4 所示。

### 1. 斜交轮胎规格

我国采用斜交轮胎的国际标准，其规格用断面宽度—轮辋直径表示。载重汽车斜交轮胎和轿车斜交轮胎的尺寸均以英寸(in)为单位。

斜交轮胎规格示例如下：

9.0-20 表示轮胎名义断面宽度为 9.0 in，轮辋名义直径为 20 in。

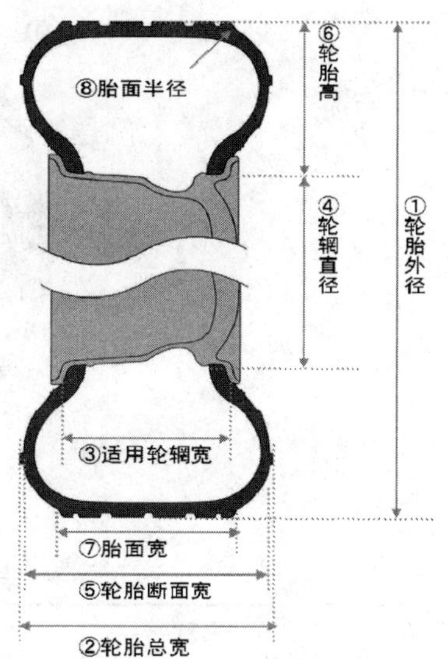


图 4-2-4　轮胎尺寸标记

### 2. 子午线轮胎规格

轮胎按其扁平率—高宽比划分系列。目前国产子午线轮胎有 80、75、70、65、60 五个系列，数字分别表示断面高度 H 是断面宽度 B 的 80%、75%、70%、65%和 60%。显然，数字越小，轮胎越扁平。

子午线轮胎规格示例如下：

175/70HR-13 表示轮胎断面宽度为 175 mm、扁平率为 70%、速度等级为 H、轮辋直径为 13 in 的子午线轮胎。

### 3. 无内胎轮胎规格

例如，轮胎 195/70SR14TL，表示轮胎的断面宽度为 195 mm，扁平率为 70%，轮胎速度等级为 S 级，子午线轮胎，轮胎直径为 14 in，最后的“TL”表示无内胎。

### 4．速度等级

随着制造技术的提高，汽车的性能有了很大进步，同时要求轮胎的速度性能和汽车的最高速度相匹配。我国参照采用了国际标准化组织规定的轮胎速度标志，速度等级见表 4-2-2。

表 4-2-2　轮胎速度等级表

| 速度标志 | 速度/(km·h$^{-1}$) | 速度标志 | 速度/(km·h$^{-1}$) |
|---|---|---|---|
| L | 120 | S | 180 |
| M | 130 | T | 190 |
| N | 140 | U | 200 |
| P | 150 | H | 210 |
| Q | 160 | V | 240 |
| R | 170 | W | 270 |

例如：乘用车子午线轮胎 185/705SR13 规格中的 S 即表示允许的最高行驶速度为 180 km/h。

## 四、典型轮胎标识解读

以某品牌 205/65R15 94H ER33 轮胎为例，见图 4-2-5 以及表 4-2-3。

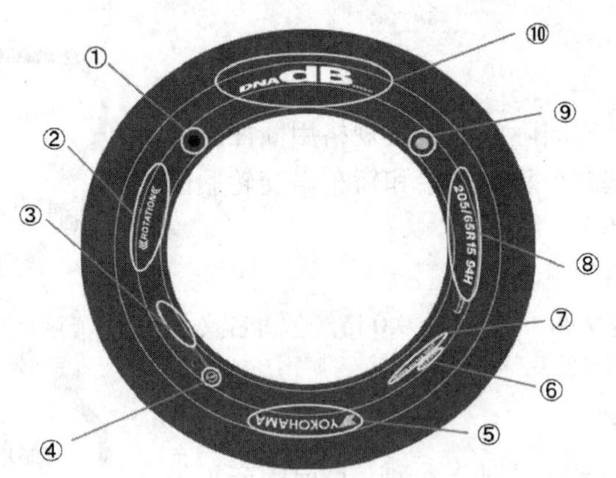


图 4-2-5　轮胎标识解读示例

表 4-2-3　轮胎标识解读示例

| 编号 | 名称 | 英文名 | 含　义 |
| --- | --- | --- | --- |
| ① | 统一标记 | 红标 | 通过与车轮震动的最小位置(用白色圆圈表示)进行比照，防止车体的震动 |
| ② | 旋转记号 | ROTATION | 表示高性能轮胎的旋转方向 |
| ③ | 制造编号/制造记号 |  | 1999 年以前制造的轮胎，其制造编号的后 3 位数表示制造年数和周数；<br>2000 年以后制造的轮胎，其制造编号的后 4 位数表示制造年数和周数<br>例如“119”表示于 1999 年的第 11 个星期制造；“1003”表示于 2003 年的第 10 个星期制造 |
| ④ | JIS 标记 |  | 日本质量认证 |
| ⑤ | 制造商名 | Yokohama | 横滨 |
| ⑥ | 轮胎类型 | RADTIAL | 子午线轮胎 |
| ⑦ | 无内胎 | TUBELESS | 无内胎 |
| ⑧ | 规格 | 205/65R15 94H | 轮胎规格标识 |
| ⑨ | 轻点标记 | 黄标 | 表示轮胎的最轻位置，通过将最重车轮的气门位置与轻点标记的位置进行比照，使重量达到平衡 |
| ⑩ | 品牌名 | DNAdb | 静音轮胎 |

## 五、轮胎的检查

### 1. 车轮与轮胎外观检查

(1) 检查轮胎胎面和胎壁有无裂纹、割痕或其他损坏；

(2) 检查轮胎胎面和胎壁有无嵌入金属碎屑、石子或其他异物；

(3) 检查轮辋和轮辐是否损坏、腐蚀、变形，动平衡块是否脱落；

(4) 检查车轮轴承间隙有无明显松旷，运转是否良好，有无明显噪声。

### 2. 轮胎磨损检查

当汽车轮胎磨损超过一定限度时，轮胎附着性能就会降低。高速行驶时，轮胎附着性能降低容易导致车轮滑转或侧滑，大大延长制动距离，制动稳定性下降，严重时，轮胎长距离滑磨，温度剧增，易造成爆胎；行驶至湿滑路面时，磨损过度的轮胎会因花纹过浅，导致排水能力受到严重影响，提高车速时有可能出现“滑水现象”，操纵稳定性变差；行驶至松软路面时，抓地能力降低，车轮容易出现打滑现象。

汽车在维护保养时，应检查轮胎花纹深度。乘用车轮胎胎冠上花纹磨损至磨损标志时，就应更换轮胎。对于轮胎胎冠上花纹深度，应使用深度尺进行检测，如图 4-2-6 所示。

轮胎异常磨损是轮胎出现故障的早期征兆，对轮胎磨损的检查可以及时排除影响轮胎寿命的不良因素，从而确保行车安全。

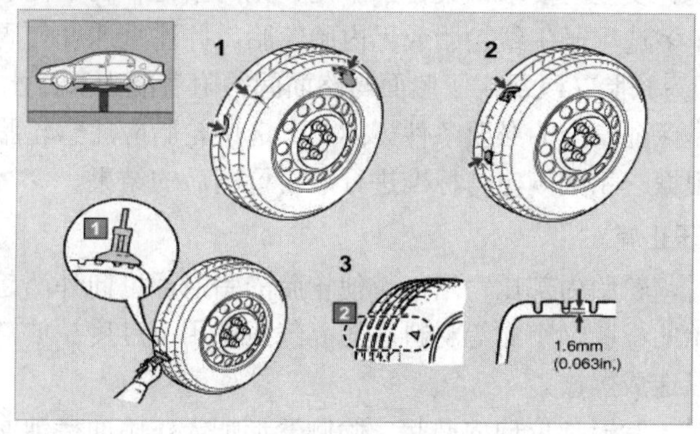


图 4-2-6 轮胎磨损检查

### 3. 轮胎压力与气密性检查

(1) 轮胎充气应按照该品牌车辆用户使用手册上规定的标准气压执行，并在冷态时用气压表测量。若在热态时测量，应略高于标准气压，取适当的修正值。

(2) 轮胎装好后，应先充入少量空气，待内胎空气伸展后再继续充至所规定的气压。

(3) 充气前应检查气门芯和气门嘴是否配合平整，并保证清洁。

(4) 充入的空气要保证干燥，不能含有水分和油雾。

(5) 充气时要随时用气压表检查气压，以免因充气过多发生爆胎。

(6) 充气时应注意安全防护，充气后应进行气密性检查。一般可用肥皂水检查气门芯和气门嘴处是否漏气，确认无漏气后将气门帽拧紧。

(7) 充气时不应超过标准过多后再行放气，也不可因长期在外不能充气而过多地充气，如超过标准过多会促使帘线过分伸张，影响轮胎的寿命。

## 六、轮胎换位

轮胎进行正确的换位可使磨损均匀，延长轮胎使用寿命。轮胎换位应结合车辆的二级维护定期进行。一般轮胎换位如 4-2-7 图所示，具体要求参见维修手册或用户使用手册。

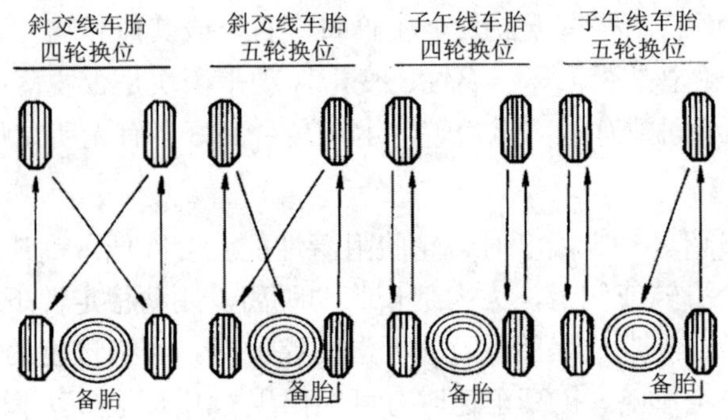


图 4-2-7　轮胎换位

## 七、轮胎选型与正确使用

### 1. 轮胎选型

为适应汽车高速、安全的要求，集合子午化、无内胎化和扁平化于一体是当今轮胎的发展趋势。现代汽车多选用子午线轮胎或无内胎轮胎，并注重速度代码。选用轮胎时，应考虑轮胎的花纹，因为轮胎花纹决定了胎面与路面间的附着能力和排水性。在高速行车中，轮胎的性能和质量是保证安全的必要条件。因此，选用轮胎应注意轮胎的认证标志，它是质量检测权威机构根据一系列规定与标准进行严格检测后的结果。

### 2. 保持轮胎气压正常

轮胎气压过高时，轮胎内部压力增加，使轮胎的胎冠部位向外凸起，接地面积减小，加剧胎冠磨损。轮胎的橡胶、帘布等材料在较高气压作用下过度拉伸，增加了轮胎刚性，一旦遇到冲击，极易造成爆破。

轮胎气压过低时，胎冠部位向内凸起，胎侧变形加大，胎面接地面积增大，滑移量增加，加剧胎肩部位磨损。气压低时，轮胎变形容易增大，帘布层中的帘线应力增加，使得轮胎温度升高较快，加速帘布与橡胶脱层、橡胶老化和帘布松散，甚至帘线折断。另外，轮胎气压过低会增大滚动阻力，增加燃油或电量消耗。

轮胎的磨损及气压的检查如图 4-2-8 所示。检查轮胎外围有无均匀磨损或者阶段磨损，有无双肩磨损、中间磨损、薄边磨损、单肩磨损或跟部磨损。

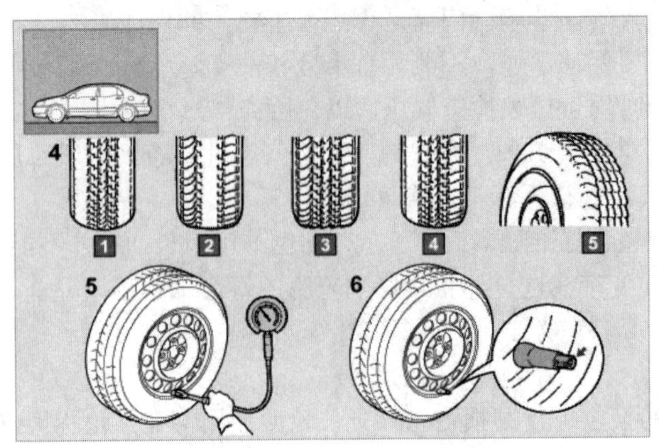


图 4-2-8　轮胎的磨损及气压的检查

#### 3. 防止轮胎超载

轮胎承受负荷的高低，对其使用寿命影响较大。轮胎承受较小负荷时，能大大提高使用寿命，但是会降低运输生产效率。轮胎承受较大负荷时，使用寿命随负荷的增加而缩短，其原因是轮胎超载后，帘线应力增大，帘布与橡胶容易脱层并造成帘线松散、折断，同时由于变形加大，增加了轮胎接地面积，致使轮胎胎肩磨损加剧。轮胎超载后，变形加大，会使轮胎温度升高，一旦遇到障碍物极易引起爆胎。

防止轮胎超载的关键是按车辆标定的装载量载货载客，不得超载，同时还需要注意货物装载的平衡，否则易造成偏载后的局部超载。

#### 4. 合理搭配轮胎

为使汽车所有的轮胎磨损尽量一致，使用寿命相同，应合理搭配轮胎。一般搭配轮胎的原则是：使用新胎时，同一车轴上配备相同规格、结构、层级和花纹的轮胎，货车双胎并装的后轮需使用同一品牌的轮胎；装用等级不同的轮胎时，前轮尽量使用等级高的轮胎，备用轮胎使用较好的轮胎，直径较大的轮胎应该装在双胎并装的后轮外侧，翻新轮胎不得用于转向轮。

#### 5. 保持汽车底盘技术状况良好

汽车底盘技术状况是否良好会影响轮胎的异常磨损。如，四轮定位中的前轮外倾与前轮前束配合不当、轮辋轴承松旷、轮辋变形、车轮不平衡、转向传动机构间隙过大、悬架变形、车架变形以及制动技术状况不良等都会引起轮胎的异常磨损。因此，保持汽车底盘技术状况良好，对防止轮胎异常磨损很关键。

#### 6. 精心驾驶车辆

驾驶员驾驶技术的好坏将直接影响车辆的使用寿命，同样也会影响轮胎的使用寿命。精心驾驶车辆的操作要领是：起步平稳，避免轮胎滑转；中速行驶，均匀加速，避免急加速和紧急制动；选择平稳路面，尽量避免在颠簸路面上行驶；低速转弯，避免高速转弯引起的轮胎横向滑移，以滑代制；避免紧急制动，避免轮胎拖磨。

此外，夏季高温行车，应防止胎压过高和轮胎过热，严禁放气降压和泼水冷却，应该选择在阴凉地方停车自然降温；汽车陷入泥泞路面时，应增加附着，以避免轮胎打滑：在冰雪路面上行驶时，应两边对称安装防滑链，到达干燥路面时，应立即拆除防滑链，以避免链条损害轮胎和轮辋。

## 八、车轮动平衡检查与调整

车轮承担了车辆的重量，同时驱动车辆行驶，因而轮胎及轮毂的好坏也成为影响车辆驾驶感受的重要因素。轮胎及轮毂都是圆形的，几何中心的稳定性是其具有的一条重要性质，轮胎的中心在其转动的时候是保持高度不变的，始终是地面以上轮胎半径的高度。如果车轮形状不是圆形，它的几何中心随着轮胎转动而上下浮动，将严重影响车辆稳定行驶，因而轮胎及轮毂在出厂后是否规则，决定了车辆驾驶性能的优劣。各种漂亮的轮毂在车辆出厂装配时，都会做动平衡试验，车轮动平衡是车辆高速行驶稳定的前提。

#### 1. 车轮与轮胎动不平衡

(1) 车轮与轮胎动不平衡的危害。

如果车轮与轮胎动不平衡，在车辆行驶时易造成车轮的跳动和偏摆，使汽车相关零部件受到损坏，缩短使用寿命。对于高速行驶的汽车来说，还容易造成行驶不安全。

(2) 车轮与轮胎动不平衡的原因。

车轮与轮胎动不平衡的主要原因包括质量分布不均匀，轮辋、制动鼓变形，轮毂与轮辋加工质量不佳。如，轮毂与轮辋两者不同心，轮胎螺栓孔分布不均，螺栓质量不佳，安装位置不正确，轮胎有不均匀或不规则磨损、损坏等。

**2. 动平衡仪的结构及使用方法**

(1) 动平衡仪的结构。

车轮动平衡仪按动平衡原理工作，既可以检测不平衡力，也以测定不平衡力矩。操作动平衡仪时，只要将被测车轮的轮胎宽度和轮辋直径以及安装尺寸输入动平衡仪中即可完成平衡作业，动平衡仪仪表即会自动显示轮胎两侧的不平衡质量 m1 和 m2 及其相位。

(2) 动平衡仪的使用方法。

① 清除被测车轮上的泥土、石子，取下原来的平衡块。

② 检查轮胎气压值是否在规定范围内。

③ 根据轮辋中心孔的大小选择锥体，仔细地装上车轮，用大螺距/螺母上紧。

④ 打开电源，检查指示于控制装置的面板是否指示正确。

⑤ 用卡尺测量轮辋宽度、轮辋直径(也可从胎侧读出)，用动平衡仪上的标尺测量轮辋边缘至机箱的距离，再用输入或选择器旋钮对准测量值的方法，将以上参数值输入指示控制装置。

⑥ 放下车轮防护罩，按下启动键，车轮旋转，平衡测试开始，计算机自动采集数据。

⑦ 车轮自动停止或听到“嘀”声后按下停止键，并操纵制动装置使车轮停止旋转，从指示装置读取车轮内、外不平衡量和不平衡位置。

⑧ 抬起车轮防护罩，用手慢慢转动车轮，当指示装置发出指示时停止转动车轮；在轮辋的内侧或外侧上部(12 点位置)加装指示装置显示的该侧平衡块质量；内、外侧要分别进行，平衡块装卡要牢固、可靠。

⑨ 安装平衡块后有可能产生新的不平衡，应重新进行平衡试验，直至不平衡量小于 5 g，指示装置显示“00”或“OK”。

⑩ 测试结束，关闭电源开关，取下车轮。

(3) 检测标准及检测结果分析。

车轮不平衡检测时，若其不平衡量小于该车型的规定值，则不必对该车轮进行动平衡调整；若其不平衡量超标，则应进行动平衡调整。实际上，往往通过平衡作业可使车轮平衡性满足要求，但当不平衡值过大时或通过平衡作业难以达到要求时，应对车轮进行进一步的检查，以找出故障原因。车轮不平衡的主要原因有以下几方面：

① 前轮定位不当，尤其是前束和主销倾角，不仅影响汽车的操纵性和行驶稳定性，而且会造成轮胎偏磨。这种胎冠的不均匀磨损与轮胎不平衡形成恶性循环，因而在使用中会出现车轮不平衡，当然也可能是车轮定位角失准的信号。

② 因轮胎和轮辋以及挡圈等因素使形状失准或密度不均匀而先天形成的重心偏离。

③ 安装中心与旋转中心因轮胎和轮辋定位误差难以重合。

④ 原有的整体综合重心由于维修过程的拆装而遭到破坏。

⑤ 车轮直径过小，运动中轮胎相对于轮辋在圆周方面滑移，从而发生波状不均匀磨损。

⑥ 质心因车轮碰撞造成变形发生了位移。

⑦ 新胎冠因轮胎翻新后定位精度不高而造成厚度不均匀，使重心改变。

⑧ 高速行驶中制动抱死而引起的纵向和横向滑移，会造成局部的不均匀磨损。

⑨ 车轮平衡块脱落。

## 九、车轮定位参数

转向车轮定位包括主销后倾、主销内倾、车轮外倾及前束四个参数。为保证汽车直线行驶稳定、转向后能自动回正和减少轮胎的磨损，转向轮、转向节和前轴三者之间应保持一定的安装位置，称为转向轮定位。通过确定主销后倾、主销内倾、车轮外倾和前束四个参数可以实现转向轮定位。

### 1. 主销后倾

主销后倾的作用是保证汽车直线行驶的稳定性，并使汽车转弯后车轮能自动回正。车速越高，后倾角越大时，车轮稳定效应越强；但后倾角不宜过大，否则在转向时会使转向盘沉重或因回正过猛而打手。一般主销后倾角取 3° 内，如图 4-2-9 所示。

主销后倾角一般是不能调整的，但对独立悬架的转向桥来说，可在前轴和钢板弹簧底座后部加装楔形垫块进行调整。

### 2. 主销内倾

主销安装在前轴上，其上端略向内倾斜，称为主销内倾。在汽车横向铅垂面内，主销轴线与铅垂线之间的夹角叫主销内倾角，如图 4-2-10 所示。

主销内倾的作用是使车轮转向后能自动回正且转向操纵轻便。一般主销内倾角取 5° ～8° 之间。

主销内倾角是制造前轴时使主销孔轴线的上端向内倾斜而获得的。在非独立悬架的转向桥上，主销内倾角是不能单独调整的。

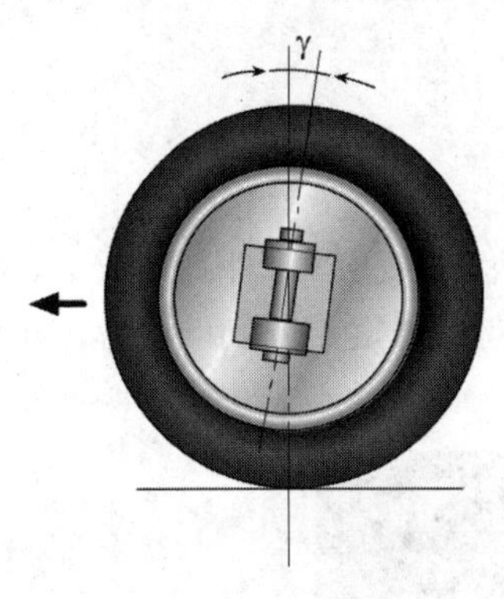


图 4-2-9　主销后倾

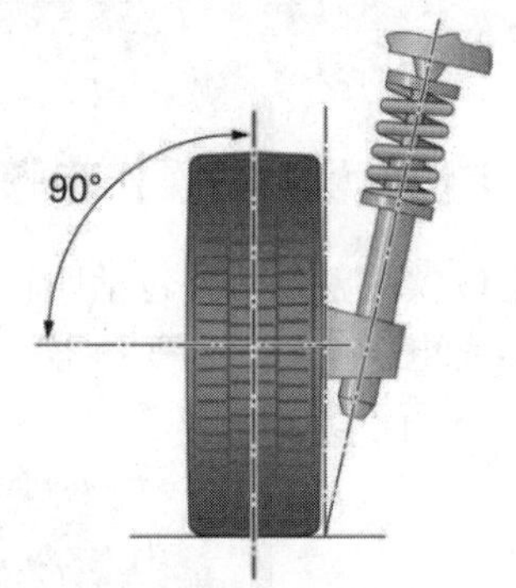


图 4-2-10　主销内倾

### 3. 车轮外倾

车轮旋转平面上方略向外倾斜，称为车轮外倾，车轮旋转平面与汽车纵向铅垂面之间的夹角，称为车轮外倾角，如图 4-2-11 所示。车轮外倾角的作用是提高车轮行驶安全性和转向操纵轻便性。

非独立悬架车轮外倾角是由转向节的结构确定的，转向节安装到前轴后，其轴颈相对于向下倾斜，从而使车轮安装后外倾，一般不能调整。一般车轮外倾角为 1° 左右。

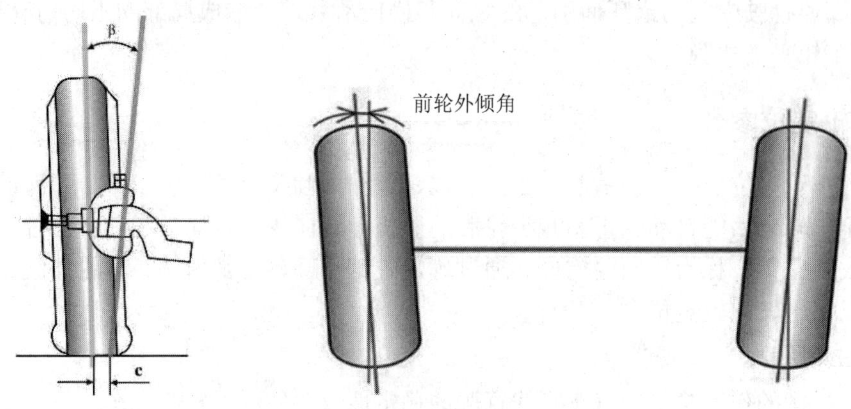


图 4-2-11　车轮外倾角

### 4. 前束

两前轮前段距离 B，后段距离 A，其差值即为前束值，如图 4-2-12 所示。汽车前束的作用是减少或消除汽车前进中因车轮外倾和纵向阻力致使车轮前端向外滚所造成的滑移。

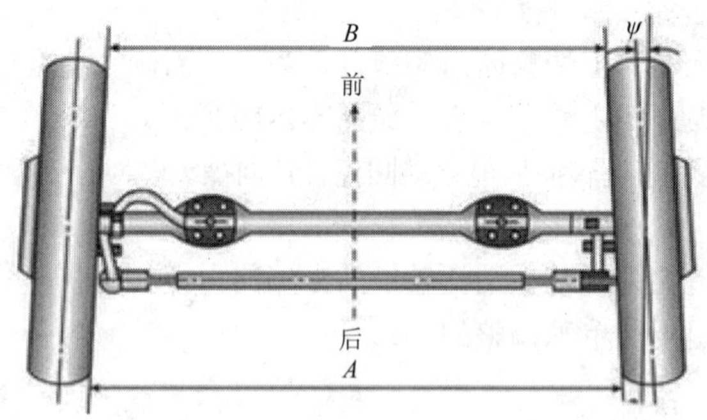


图 4-2-12　车轮前束

## 十、四轮定位仪检测的操作步骤

四轮定位仪的整体配置包括四轮定位仪主机和机箱、传感器、外置接收卡、传感器卡具、传感器充电线、传感器变压器、前轮转角仪、转向盘固定器、制动器等。车轮卡具结构如图 4-2-13 所示。

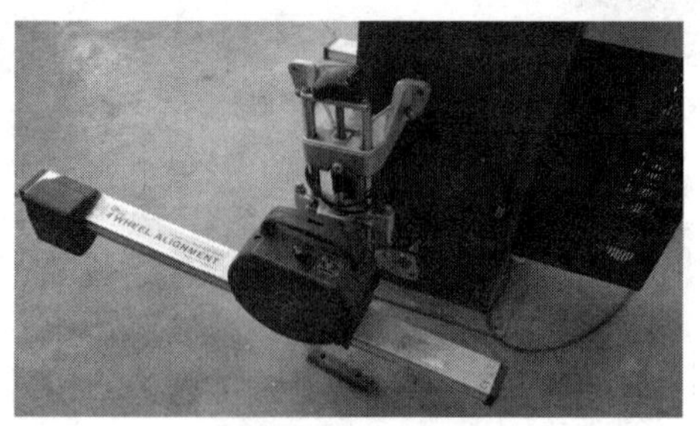

图 4-2-13　车轮卡具

### 1. 预检工作

(1) 举升机处于驶入时的最低位置。

(2) 检查车辆停放位置。

① 检查车辆在举升机上停放是否平稳正确；

② 检查前轮中心是否基本正对转角盘中心；

③ 检查后轮是否全部停放在后滑板上；

④ 检查转角盘和后滑板的销子是否仍然在锁止状态，如图 4-2-14 所示。

图 4-2-14 预检位置

(3) 车辆识别。使用钥匙打开车门，记录车辆 VIN 号码、车辆型号、制造商名称、发动机型号等信息，确定车辆生产日期。

(4) 安装三件套。安装座椅套、地板垫、方向盘套。

(5) 回正方向盘。插入钥匙，方向盘解锁，检查方向盘是否在正中位置。

(6) 检查轮胎。检查轮胎是否有裂纹和损坏，是否有异常或过度磨损；用深度尺测量四个轮胎中间沟槽深度，并做记录；使用胎压表检查气压，如气压较低，需要调整到标准胎压，并做记录；检查钢圈是否过度变形、损坏或腐蚀。

(7) 选择车型数据。完成车型数据选择，如图 4-2-15 所示。

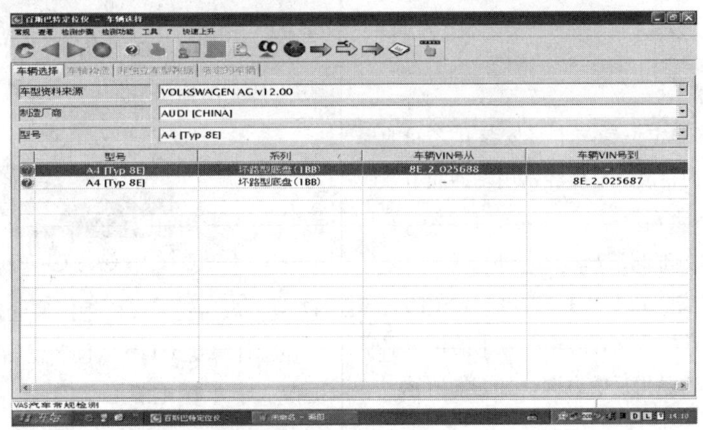


图 4-2-15 车型数据选择

(8) 检查车辆承载。检查备胎是否安放到位，检查驾驶室内是否空载。

(9) 目视检查车身外观。检查车身是否有严重撞击变形，车身两侧是否偏斜。

### 2. 目视检查底盘

(1) 利用举升机将车辆升高到车下可站人的位置，并且落锁。

(2) 检查转向连接机构。

① 检查转向拉杆及球头有无松动；

② 检查转向拉杆是否弯曲、损坏；

③ 检查转向拉杆防尘套有无裂纹和破损。

(3) 检查前轴悬架。

① 检查稳定杆有无损坏；

② 检查转向节有无损坏；

③ 检查下臂有无破损。

(4) 检查后轴悬架。检查下臂是否变形、损坏。

### 3. 卡具及传感器安装

卡具及传感器安装如表 4-2-4 所示。

**表 4-2-4　卡具及传感器安装**

| | |
|---|---|
| 1. 安装通用快速卡具<br>将通用卡具放置在轮毂上，依照轮胎所标记的尺寸，调节两个较低位置的卡爪，将其卡在轮毂边缘，移动顶部的卡爪到轮毂边缘并用星型手柄锁紧，将可调整的夹紧臂放在轮胎上，用力向车轮方向压下两侧夹紧用的杠杆，把夹紧臂移到胎纹中，在松开夹紧臂之前确认两端都已调好，如右图所示 | 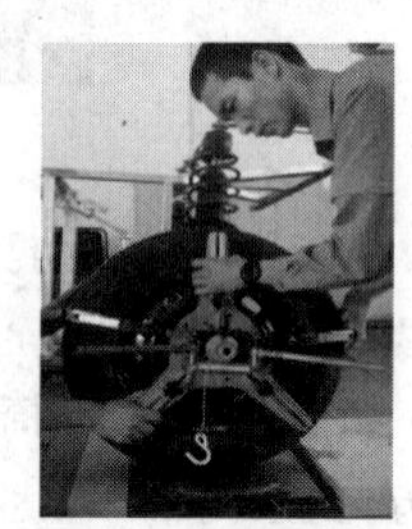 |
| 2. 安装传感器<br>为了减小传感器定位销与卡具安装孔之间的摩擦，以保证测量的精度，需要经常用稀的润滑油润滑传感器定位销；<br>注意：不能用黄油润滑！<br>把四个传感器安装到卡具上，前轴车轮上的传感器小端指向车头前进方向，后轴车轮上的传感器小端指向与前轴传感器相反的方向，如右图所示 | 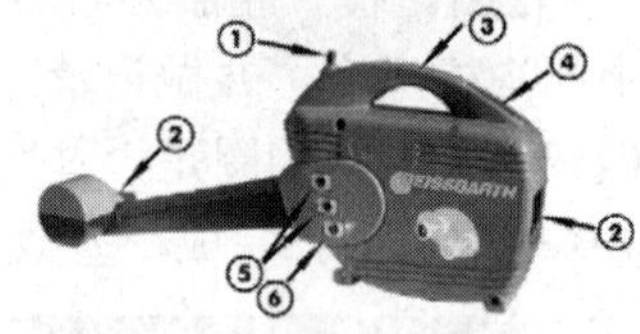<br>① 天线　② CCD 镜头　③ 水平气泡　④ 小键盘　⑤ 通信电缆插口　⑥ 转角盘电缆插口<br>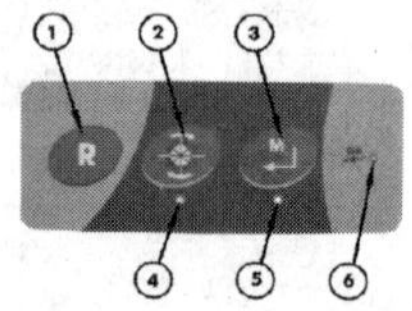<br>① 复位激活键　② 钢圈偏位补偿键　③ 偏位补偿计算键　④ 偏位补偿指示灯　⑤ 计算键指示灯　⑥ 电源指示灯<br> |

续表

| | |
|---|---|
| 3. 连接通信电缆<br>两根长通信电缆(6.5 m)用来连接两个前部传感器(1号和 2 号传感器)到定位仪主机；<br>稍短些的两根通信电缆(4.5 m)用来连接前后传感器，如右图所示；<br>检查 4 个传感器连线是否连接牢靠，然后连接 220 V 电源到定位仪；<br>分别按下四个传感器上的“R”键，以激活传感器 | 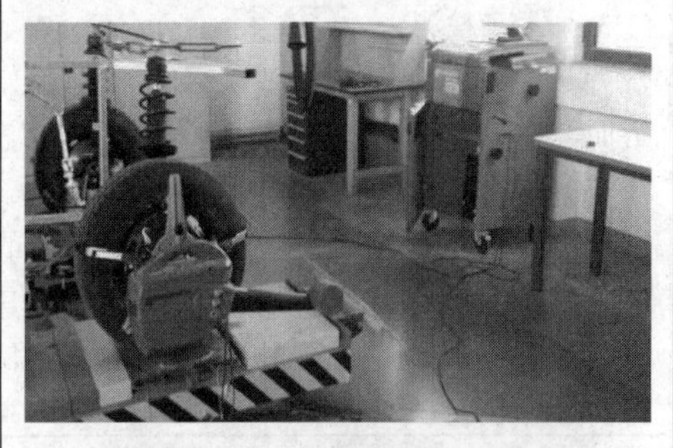 |
| 4. 车辆变速箱挡位调整<br>将车辆挡位调整到空挡，放松手刹，如右图所示 | 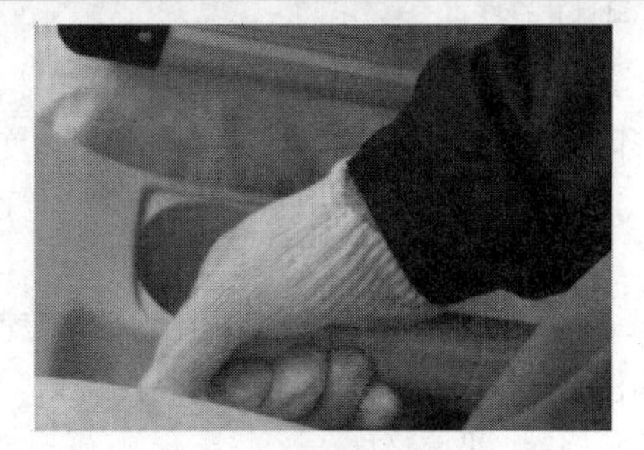 |

## 4. 四轮定位参数测试与功能调整

以某品牌四轮定位仪为例，四轮定位仪的具体操作如表 4-2-5 所示。

**表 4-2-5　四轮定位仪操作**

| | |
|---|---|
| 1. 准备工作<br>点击图标可进入“准备工作”画面，如右图所示；准备工作的说明包括对举升机平台的要求、传感器的安装以及卡具的安装说明及注意事项 | 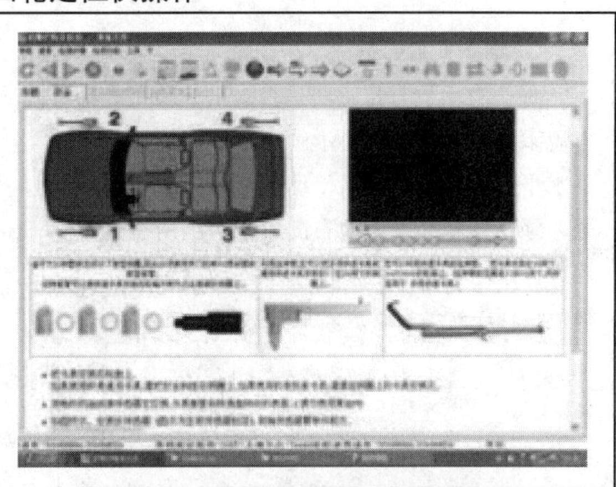 |
| 2. 偏位补偿<br>点击“前进”图标进入“偏位补偿”界面(如右图所示)，在此界面下可以进行钢圈偏位补偿的操作；<br>如果不需要进行钢圈的偏位补偿操作，则可直接点击“前进”图标进入“调整前检测”操作 |  |

续表一

| | |
|---|---|
| 3. 调整前检测<br>点击“前进”图标进入“调整前检测”操作界面，如右图所示；<br>在开始进行调整前检测之前，请安装好刹车锁或拉紧手刹，以保证后倾角和主销内倾角的准确测量；<br>按照图示箭头方向，逆时针转动方向盘，使方向盘正前打直 | 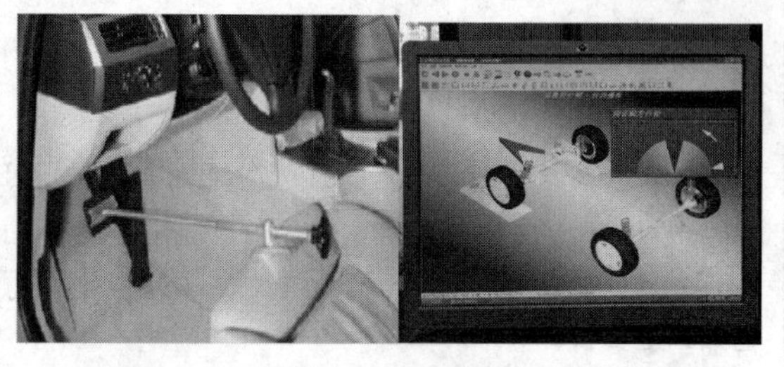 |
| 4. 正前打直<br>转动方向盘，尽可能地使白色箭头对到半圆形区域中央黑线处，以得到更高的测量精度；<br>右图为对准方向之后的屏幕显示，定位程序先进行后轴数据测量；<br>一旦正前打直方向之后，提示窗会由蓝色变为浅绿色(见右图)，屏幕会自动跳转到下一步，即传感器水平调整 | 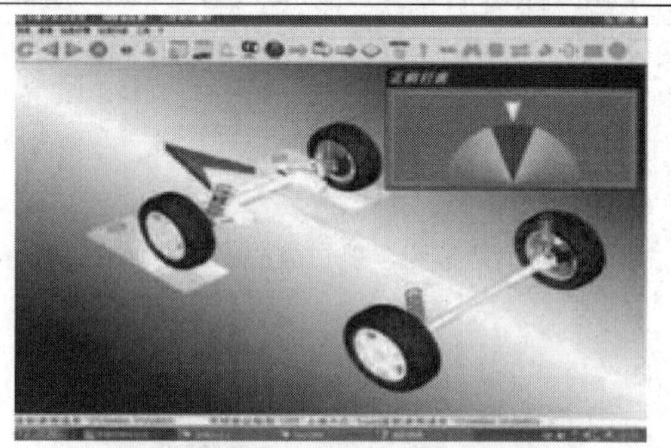 |
| 5. 传感器水平调整<br>程序会自动检查传感器是否水平，屏幕上会出现水平气泡状态的提示画面，提示操作员对不水平的传感器进行水平调整，红色表示不水平，绿色表示水平，如右图所示；当所有传感器都处于水平状态之后，水平气泡会全部变为绿色，程序就会自动进入后轴数据测量步骤 | 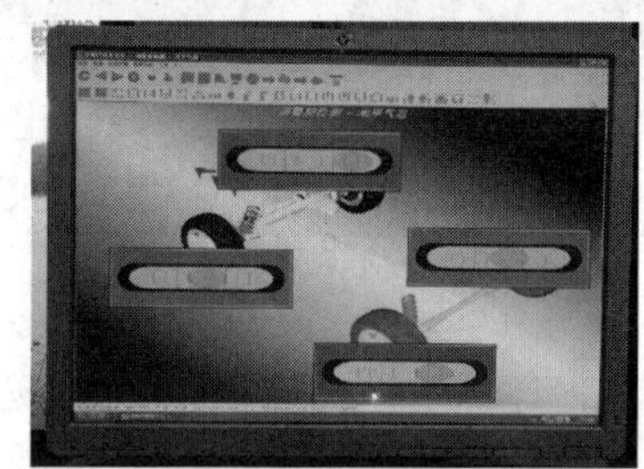<br>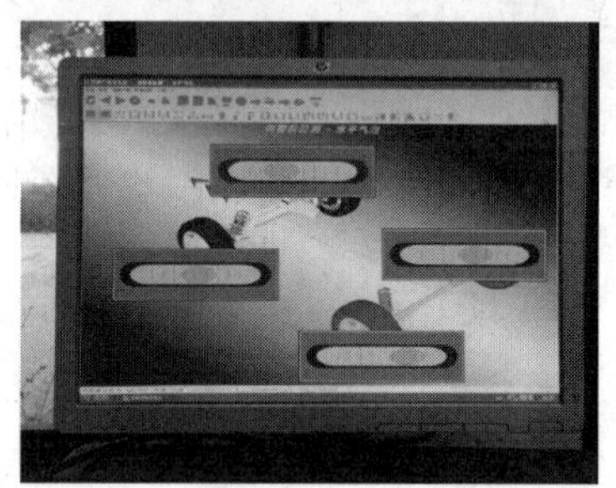 |
| 6. 20° 转向<br>依照屏幕图标提示，向左侧转动方向盘，直到方向对准中央黑线位置，提示窗会由蓝色变为浅绿色(见右图)；然后再依照屏幕白色箭头所示，向右侧转动方向盘，直到方向对中中央黑线位置，提示窗会由蓝色变为浅绿色(见右图)；接着由程序引导进入正前打直操作，并提示进入等值单独前束调整 | 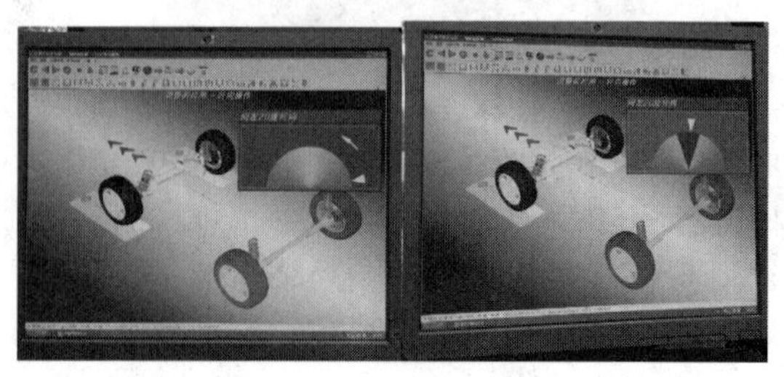 |

续表二

| | |
|---|---|
| 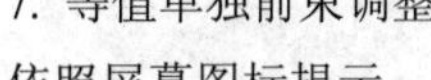 7. 等值单独前束调整<br>依照屏幕图标提示，向右侧转动方向盘，直到方向对准中央黑线位置，提示窗会由蓝色变为浅绿色(见右图)；程序自动显示调整前所测量出的前轮前束值，依照屏幕图标提示，对车轮前束进行调整，观察屏幕图标，当提示窗由蓝色变为浅绿色(见右图)，车轮前束补偿调整到位，屏幕上会自动出现调整前检测的检测数据报告(表格形式) | 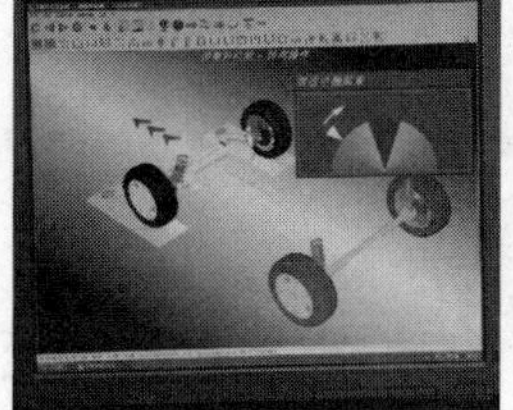 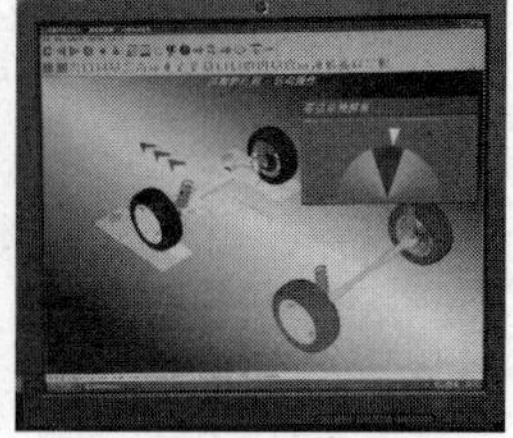<br>(a) 调整前　(b) 调整后<br> 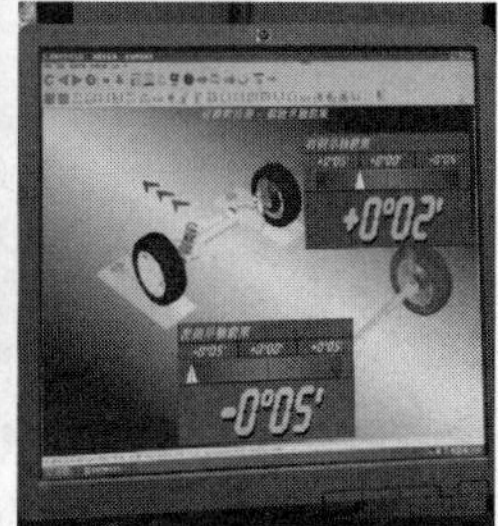<br>(a) 调整前测量前束值　(b) 调整后测量前束值<br><br>(c) 调整前前束调整 |
| 8. 调整前检测数据报告<br>所有测量值都列在“调整前检测”一栏下，在此栏中，绿色测量值表示该值处于合格范围之内，红色表示该测量值在合格范围之外，黑色表示制造厂商未对该测量值规定合格范围，如右图所示 | 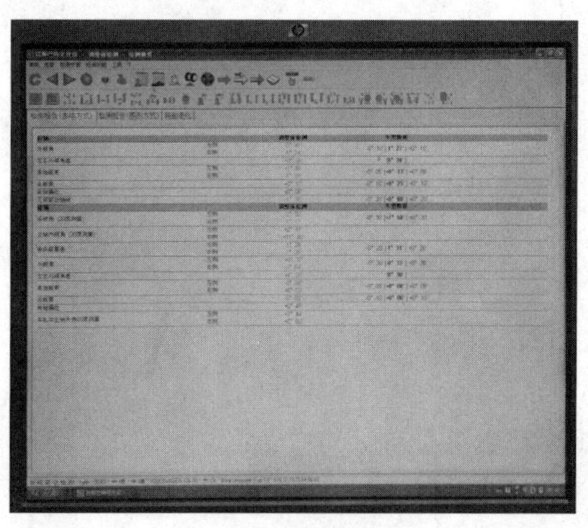 |

续表三

| | |
|---|---|
| 9. 定位调整<br>点击“前进”图标可进入“定位调整”操作，第一步是使车辆处于正前打直方向，随后检查方向盘是否处于水平状态，如果方向盘完全水平，则可直接在此位置下进行调整；<br>首先进行后轴车轮定位数据调整，由于该试验台后悬架为非独立悬架不可调整，故按“前进”图标进入下一步，程序进入“调整前轴前束和后倾角”界面，在此界面下调整前轮的前束和后倾角；<br>定位调整如右图所示 | 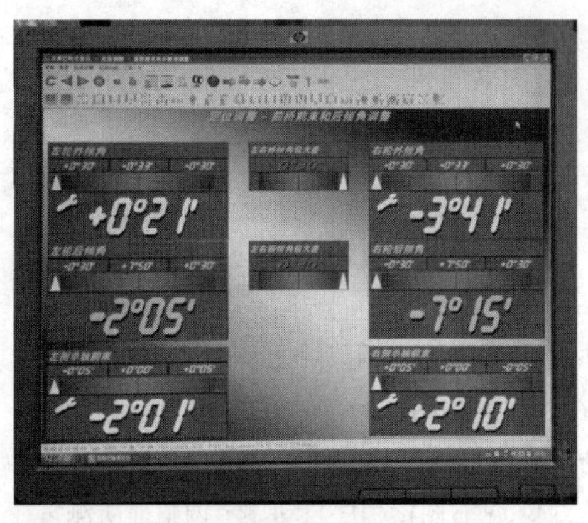<br><br>(a) 调整前数据值<br>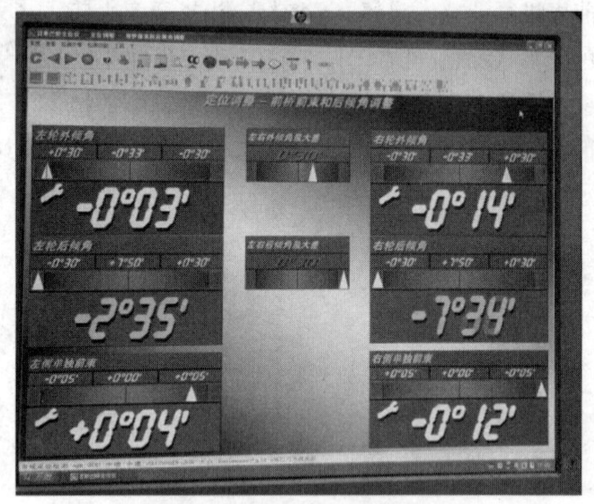<br><br>(b) 调整后数据值<br> |

续表四

| 10. 调整后检测<br>选择“调整后检测”图标，可进入调整后检测操作步骤，调整后检测的操作流程与调整前检测完全相同，可依照屏幕操作引导完成调整后检测，如右图所示 | 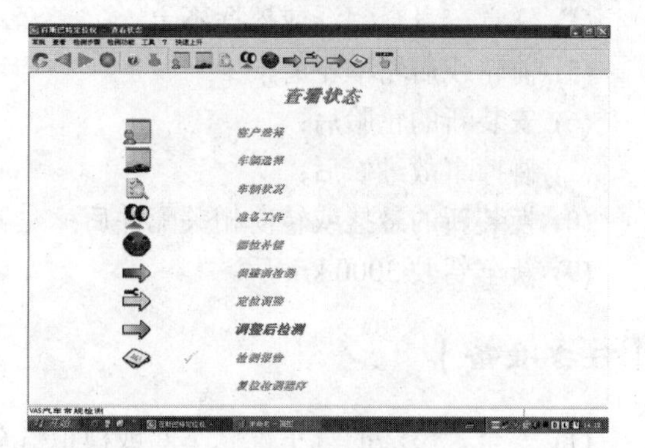 |
|---|---|
| 11. 打印检测报告<br>调整后检测完成之后得到的检测报告即为最终的检测报告，此报告的最右侧一列数据就是调整后的车辆实际定位数据，通常还可以看到用图形方式显示的调整后车辆四轮定位数据，点击工具栏内的“打印机”图标即可打印出完整的四轮定位检测调整报告，如右图所示 | 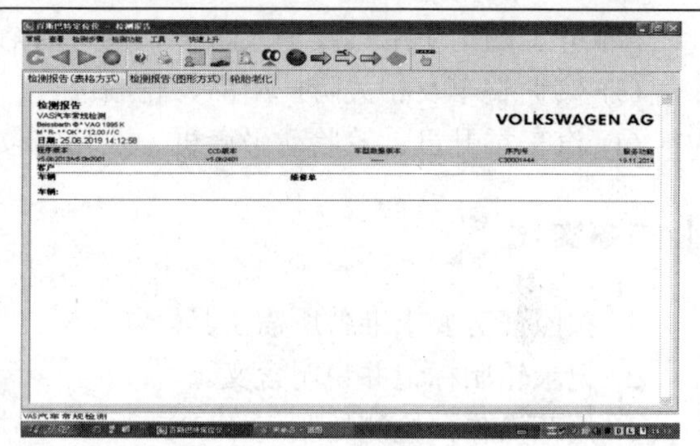 |
| 12. 设备的复位和工位恢复工作 | (1) 升起举升状态恢复<br>(2) 定位仪复位<br>(3) 工位整理：<br>① 取下车内三件套<br>② 关车窗、锁车<br>③ 关闭车门(不锁)，将钥匙和记录表交还服务顾问 |

### 5. 四轮定位操作注意事项

四轮定位操作的注意事项：

(1) 定期检查主机的开关和外接供电导线的插头绝缘是否良好；

(2) 定期检查传感器插座是否锈蚀，其安装轴也需定期进行润滑，这样可以减少安装轴的磨损，进而减小测量偏差；

(3) 定期进行传感器标定；

(4) 定期润滑举升机的导轨和拉索，以减少磨损；

(5) 定期检查液压缸的油位和管路密封情况；

(6) 定期清洁举升机平台、转角盘和后滑板的表面。

### 6. 四轮定位检测适用情况

汽车在以下情况下需要进行四轮定位检测：

(1) 每驾驶 10 000 km 或六个月后；

(2) 直行时车子往左或右边偏移；

(3) 直行时需要紧握方向盘；
(4) 感觉车身会飘浮或摇摆不定；
(5) 前轮或后轮单轮磨损；
(6) 安装新的轮胎后；
(7) 碰撞事故维修后；
(8) 换装新的悬挂或转向相关配件后；
(9) 新车驾驶 3000 km 后。

## 【任务准备】

(1) 安全、整洁的汽车维修车间或模拟汽车维修车间；
(2) 齐全的消防用具及个人防护用具、清洁用品等；
(3) 实训整车及相关防护用品、轮胎；
(4) 汽车举升机、轮胎动平衡机、四轮定位仪等常用工具。

## 【任务实施】

1. 按照任务要求准备所需工具。
2. 记录轮胎标记并说明含义。
3. 规范操作，检测轮胎气压。
4. 检测轮胎动平衡，并修正。
5. 利用四轮定位仪检测调整车轮定位，并打印报告。

## 【任务评价】

任务技能评分记录表

| 序号 | 项　目 | 评 分 标 准 | 得　分 |
|---|---|---|---|
| 1 | 接收工作任务 | 明确工作任务 | |
| 2 | 咨询 | 掌握动平衡仪、四轮定位仪操作规范 | |
| 3 | | 了解行驶系统的组成和功能 | |
| 4 | 计划 | 能协同小组分工 | |
| 5 | | 实施前准备好设备 | |
| 6 | 实施 | 正确完成防护设备穿戴 | |
| 7 | | 正确使用动平衡仪和四轮定位仪 | |
| 8 | | 规范使用举升机 | |
| 9 | | 现场恢复整理 | |
| 10 | 检查 | 操作过程规范 | |
| 总　分 | | | |

【学习工作页】

<table>
<tr><td rowspan="2"></td><td rowspan="2">汽车维护与保养</td><td colspan="2">项目四：新能源汽车底盘维护</td></tr>
<tr><td colspan="2">任务二：新能源汽车行驶系统维护</td></tr>
<tr><td>班级：</td><td>日期：</td><td>姓名：</td><td>学号：</td></tr>
</table>

任务描述：掌握新能源汽车车轮及轮胎维护方法

1. 填空题

(1) 175/70HR-13 表示__________、__________、__________、__________的子午线轮胎。

(2) 充气后应进行_________，一般可用肥皂水检查气门芯和气门嘴处是否漏气，然后将气门帽旋紧。

(3) 转向车轮定位包括__________、__________、__________及__________四个参数。

(4) 主销内倾的作用是使车轮转向后能__________且转向操纵轻便。一般情况，主销内倾角是取__________之间。主销内倾角是制造前轴时使主销孔轴线的上端__________倾斜而获得的。在非独立悬架的转向桥上，__________是不能单独调整的。

(5) 轮胎前轮定位不当，尤其是__________，不仅影响汽车的操纵性和行驶稳定性，而且会造成__________，这种胎冠的不均匀磨损与轮胎不平衡形成恶性循环，导致使用中出现车轮不平衡，当然也可能是车轮定位角失准的信号。

2. 问答题

(1) 车轮与轮胎的外观检查步骤有哪些？

(2) 怎样对轮胎充气以及如何进行气密性检查？

续表

| (3) 车轮与轮胎动不平衡的原因是什么？<br><br><br><br><br>(4) 汽车多久或什么状况下需要进行四轮定位检测？<br><br><br><br><br>(5) 简述汽车车轮定位仪的使用注意事项和维护要点。<br><br><br><br><br>(6) 减震器检查包含哪些项目？ |
| --- |

# 任务三　新能源汽车转向系统维护

【学习目标】

(1) 了解转向系统的结构和原理；
(2) 掌握转向助力功能和转向横拉杆状态的检查方法。

【任务载体】

对一辆新能源汽车进行转向系统维护保养。

【相关知识】

## 一、转向系统的作用与组成

汽车转向系统的作用是保证汽车能按驾驶员规定的方向行驶，同时还能自动回正到直线行驶。

转向系统由转向操纵机构、转向器、转向传动机构和转向助力装置组成。转向操纵机构由方向盘、转向轴、转向管柱等组成，它的作用是将驾驶员转动转向盘的操纵力传给转向器。

汽车转向系统按转向动力源的不同分为机械式转向系统、动力式转向系统和电子控制式动力转向系统。机械式转向系统的组成如图 4-3-1 所示。机械式转向系统有蜗轮蜗杆式、蜗杆曲柄指销式、循环球式和齿轮齿条式等几种形式。

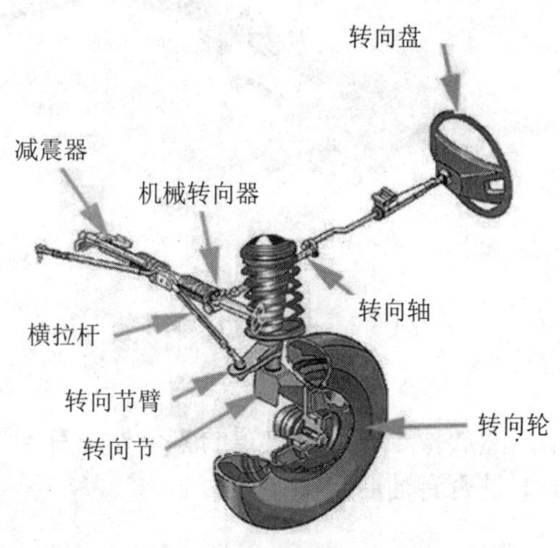


图 4-3-1　机械式转向系统的组成

某电动汽车的电动助力转向系统组成如图 4-3-2 所示，其由转向盘、转向助力电动机、转向器、转向横拉杆等机械装置和转向电子控制单元、车轮轮速传感器、转向转矩传感器等电子元件组成。

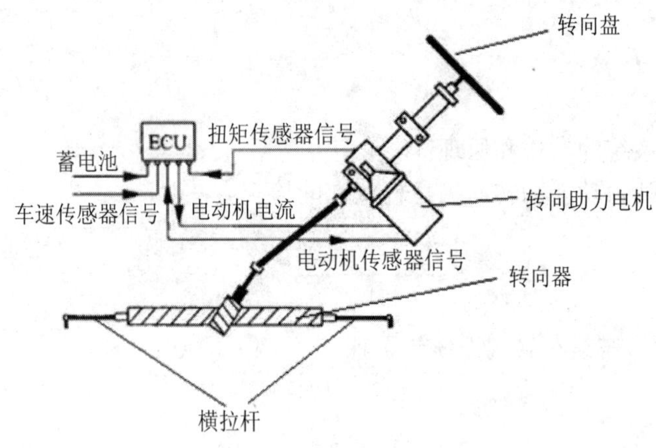


图 4-3-2 某电动汽车电动助力转向系统的组成

## 二、转向系统机械部分的维护与保养

对于电动助力转向系统而言，在使用过程中会出现转向沉重、转向力不平顺、车辆在直行时总是向一侧跑偏等故障，致使其转向性能下降或丧失。因此，应经常对电动助力转向系统进行检查和维护。电动助力转向系统组成如图 4-3-3 所示。

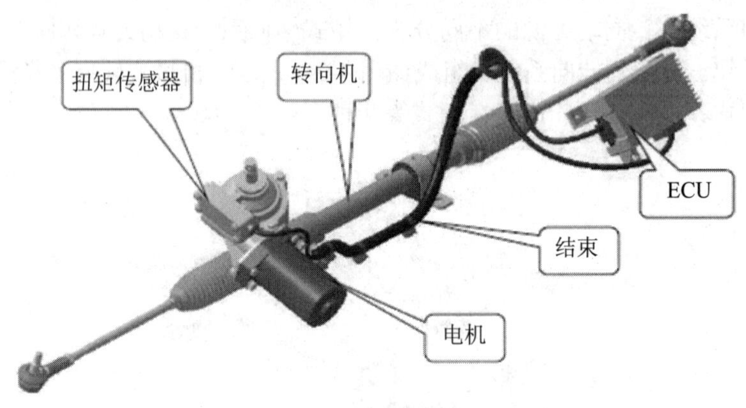


图 4-3-3 电动助力转向系统

### 1. 驱动轴护罩检查

向一侧手动转动轮胎，然后检查驱动轴护罩的整个外围有无裂纹或破损；检查护罩卡箍安装是否正确；检查护罩是否有油脂渗漏现象。

### 2. 转向连接机构检查

用手晃动转向连接机构，检查是否松动或者摆动；检查转向连接机构是否弯曲或者损坏；检查防尘罩有无裂纹或者破损。

**3. 横直拉杆球头销使用及润滑情况检查**

检查横直拉杆球头销是否磨损，如磨损严重，应及时更换。

**4. 转向节主销和衬套润滑情况检查**

检查转向节主销和衬套润滑是否良好，如果润滑效果不好产生锈蚀，会导致转向困难。

## 三、转向盘检查

**1. 转向盘旷动情况检查**

前后左右晃动转向盘，检查有无松动或异响。如果发现问题，应及时维修或更换。

**2. 转向自由间隙检查**

转向盘的自由间隙范围为 10°～15° 或者 0～30 mm。如果转向盘运动不在规定自由间隙的范围内，则检查以下部位，若发现缺陷应及时更换。

(1) 转向横拉杆球头是否磨损；

(2) 下部球接头是否磨损；

(3) 转向轴接头是否磨损；

(4) 转向小齿轮或齿轮齿条是否磨损；

(5) 其他部件是否松动。

## 四、转向助力功能检查

(1) 在道路试车过程中，通过原地转向和在低速行驶中转向，检测转向时转向盘是否沉重。

(2) 将转向盘分别向左右打至极限位置，检测是否有转向盘抖动、转向机异响等故障。

## 五、转向盘回正能力检查

(1) 缓慢或迅速转动转向盘，检查两种情况下转向盘的操作力有无明显差别，并检查转向盘能否回到中间位置。

(2) 使汽车低速行驶，将转向盘顺时针或逆时针转动 90°，然后放开手 1～2 s，如果转向盘能自动回转 70° 以上，说明工作正常，否则应查明故障原因并予以排除。

## 六、转向系统维护注意事项

转向系统维护工作的注意事项：

(1) 混合动力汽车部分是液压助力转向系统，需要按时更换液压油。因为液压动力转向系统的油液是在高温高压下工作的，容易变质，所以即使油液看起来比较干净，也要定期更换。一般每行驶 40 000 km 更换一次油液，或按原厂规定更换。

(2) 转向助力油的排放。换油时，将前轴顶起，发动机以怠速运转，卸下转向器下部的放油螺塞，分别向左、右打方向盘至极限位置数次，待油液排完时立即停熄发动机并旋紧放油螺塞。

## 【任务准备】

(1) 安全、整洁的汽车维修车间或模拟汽车维修车间；
(2) 齐全的消防用具及个人防护用具、清洁用品等；
(3) 实训整车及相关防护用品；
(4) 汽车举升机、常用工具。

## 【任务实施】

1. 请完成纯电动汽车维修作业前检查及车辆防护，并记录相关信息。
2. 方向盘检查。
(1) 方向盘自由行程和松旷情况检查。
(2) 方向盘锁止检查。
(3) 方向盘回正检查。
3. 转向助力检查。
4. 转向横拉杆球头间隙、紧固程度及防尘套状态检查。
5. 电子助力故障检测。

## 【任务评价】

**任务技能评分记录表**

| 序号 | 项　目 | 评 分 标 准 | 得　分 |
|---|---|---|---|
| 1 | 接收工作任务 | 明确工作任务 | |
| 2 | 咨询 | 知道维护保养三件套等使用规范 | |
| 3 | | 了解转向系统的组成和功能 | |
| 4 | 计划 | 能协同小组分工 | |
| 5 | | 实施前准备好设备 | |
| 6 | 实施 | 正确完成三件套放置 | |
| 7 | | 正确使用扭力扳手 | |
| 8 | | 规范使用举升机 | |
| 9 | | 现场恢复整理 | |
| 10 | 检查 | 操作过程规范 | |
| 总　分 | | | |

## 【学习工作页】

| | 新能源汽车维护保养 | 项目四：新能源汽车底盘系统维护 | |
|---|---|---|---|
| | | 任务三：新能源汽车转向系统维护 | |
| 班级： | 日期： | 姓名： | 学号： |

任务描述：掌握新能源汽车转向系统维护方法

1. 填空题

(1) 汽车转向系统的作用是保证汽车能按驾驶员规定的方向行驶，同时还能____________。

(2) 转向系统由转向操纵机构、____________、____________和____________装置组成。转向操纵机构由____________、转向轴、____________等组成，它的作用是将驾驶员转动转向盘的操纵力传给____________。

(3) 电动汽车采用的电动助力转向系统主要由____________、____________、____________和____________等机械装置和____________、____________、____________等电子元件组成。

2. 问答题

(1) 如何对电动助力转向系统进行维护与保养？

(2) 简述方向盘检查与维护的方法和步骤。

(3) 简述转向回正能力的检查方法。

# 任务四　新能源汽车制动系统维护

【学习目标】

(1) 掌握新能源汽车制动系统的组成及各部件的作用；
(2) 掌握制动系统检查和调整的方法；
(3) 掌握制动器摩擦片检查和更换的方法。

【任务载体】

检查某品牌新能源汽车制动系统。

【相关知识】

## 一、制动系统

制动系统的作用是使车辆按照驾驶员的意图在行驶过程中进行减速甚至停车，使已停驶的车辆在各种道路条件下(包括在坡道上)稳定驻车，使车辆下坡行驶时保持速度稳定。

汽车制动系统包括行车制动装置和驻车制动装置两套独立的装置。其中，行车制动装置是由驾驶员用脚来操纵的，故又称脚制动或脚刹。驻车制动装置是由驾驶员用手操纵的，故又称手制动或手刹。

大多数新能源汽车制动系统为电动真空助力液压制动系统，如图 4-4-1 所示，主要由供能装置、控制装置、传动装置和制动器等部分组成。

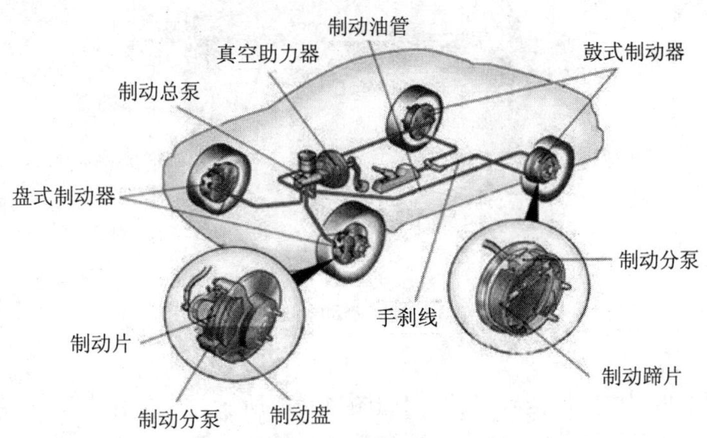


图 4-4-1　制动系统的基本结构

### 1. 制动器

常见的行车制动器有鼓式制动器和盘式制动器两种。

(1) 鼓式制动器。

鼓式制动器结构如图 4-4-2 所示，主要包括制动鼓、制动器底板、制动轮缸、回位弹簧、制动蹄及摩擦片等部分。制动轮缸、回位弹簧、制动蹄及摩擦片等装在制动器底板上，与车架固定，车轮装在制动鼓上。鼓式制动器工作时主要是通过液压装置使摩擦片与随车轮转动的制动鼓内侧面发生摩擦，从而达到制动目的。

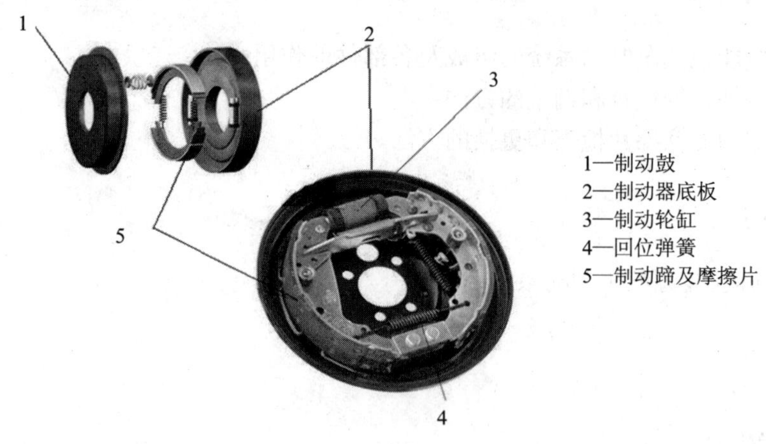


图 4-4-2　鼓式制动器

鼓式制动器的工作原理如图 4-4-3 所示，踩下制动踏板时，踏板推杆推动制动总泵的活塞运动，进而在油路中给制动液加压，制动液将压力传递到车轮的制动轮缸，制动轮缸推动活塞，活塞推动制动蹄向外扩展，进而使得摩擦片与制动鼓接触并发生摩擦，从而达到制动目的。

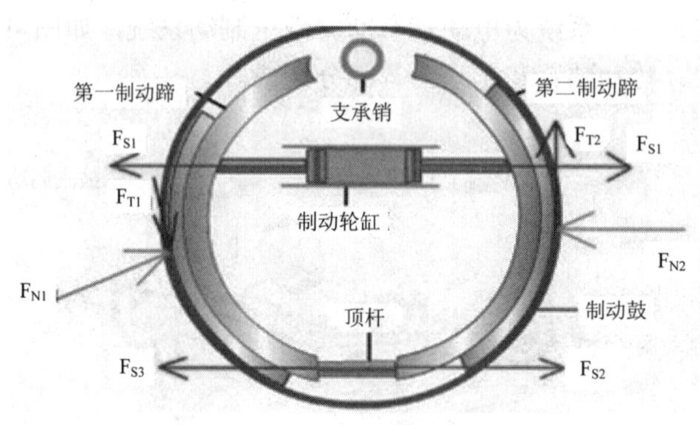


图 4-4-3　鼓式制动器工作原理

(2) 盘式制动器。

盘式制动器也叫碟式制动器，其结构如图 4-4-4 所示，主要由制动钳、制动片支架、制动盘、摩擦片、摩擦片背板、分泵、油管等部分构成。盘式制动器工作时通过液压系统把压力施加到制动钳上，使制动摩擦片与随车轮转动的制动盘发生摩擦，从而达到制动目的。

盘式制动器的工作原理如图 4-4-5 所示。

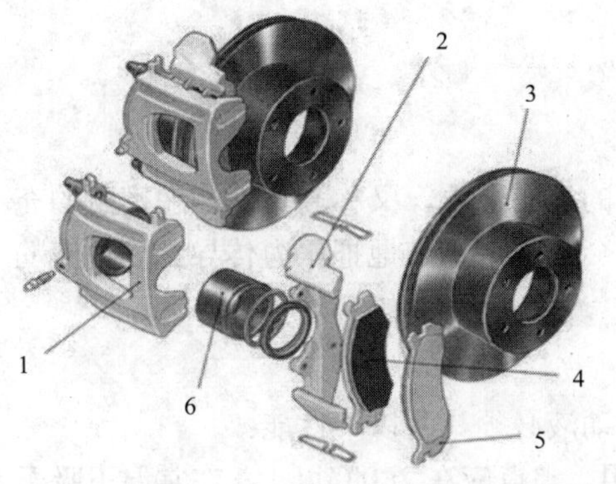

1—制动钳；2—制动片支架；3—制动盘；
4—摩擦片；5—摩擦片背板；6—分泵

图 4-4-4　盘式制动器

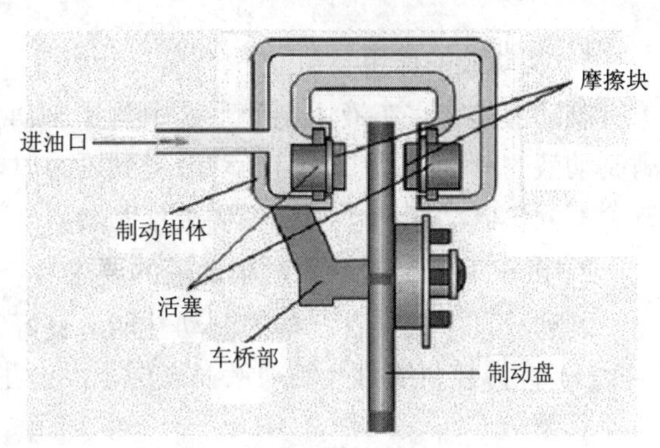

图 4-4-5　盘式制动器工作原理

### 2. 电动真空助力系统

电动真空助力系统是在人力制动的基础上加设一套由真空助力器总成(如图 4-4-6 所示)和电动真空泵(如图 4-4-7 所示)，以提供真空伺服制动力的助力装置。

图 4-4-6　真空助力器总成

图 4-4-7　电动真空泵

电动真空助力系统的工作过程：当驾驶员启动车辆时，12 V 电源接通，电子控制系统模块开始自检，如果真空罐内的真空度小于设定值，则真空压力传感器向控制器输出相应电压值，此时电动真空泵在控制器的控制下开始工作；当真空度达到设定值后，真空压力传感器向控制器输出相应电压值，真空泵在控制器的控制下停止工作；当真空罐内的真空度因制动消耗，真空度小于设定值时，电动真空泵再次开始工作，如此循环。真空助力器的结构如图 4-4-8 所示。

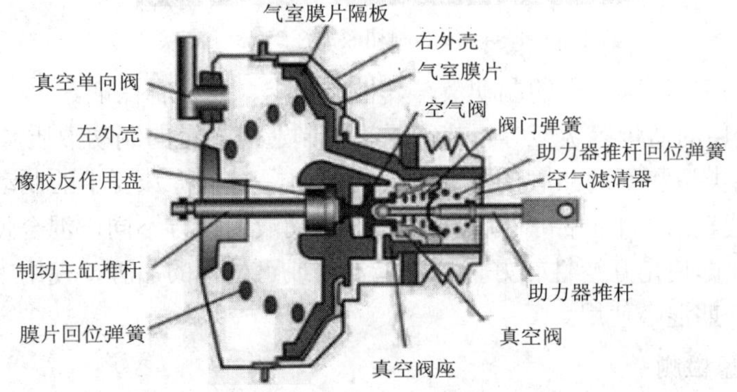

图 4-4-8　真空助力器的结构

## 二、制动液的作用和性能要求

### 1. 制动液的作用

制动液是在汽车液压制动系统中传递制动压力的液态介质，又称刹车油。在密封的充满制动液的制动管路中，当制动液受到压力时，便会快速、均匀地把压力传导到制动液的各个部分，驱动制动元件对车辆进行制动。

### 2. 汽车液压制动系统对制动液的要求

制动液直接关系着汽车的制动性能，良好的制动液必须具备以下性能：

(1) 高温抗气阻性。制动液在高温下不产生气阻，沸点应在200℃以上，在常温下吸湿性能要差。

(2) 运动黏度和润滑性良好。

(3) 有一定的溶水性，能将系统中的少量水分完全溶解吸收，不产生分层和沉淀。

(4) 混溶性好，两种制动液混合时，不产生分层和沉淀。

(5) 腐蚀性弱，对制动系统中的橡胶零部件腐蚀作用弱，保证制动系统制动灵活、工作可靠。

(6) 长期储存和使用时性能稳定，对其加温、冷却时化学性能无变化。

## 三、制动液选用原则和质量检查

### 1. 制动液选用原则

(1) 制动液选用类型应与车辆制造商规定的制动液产品类型相同。一般车辆制动液加注口附近或者加注口盖会有说明，如图4-4-9所示。

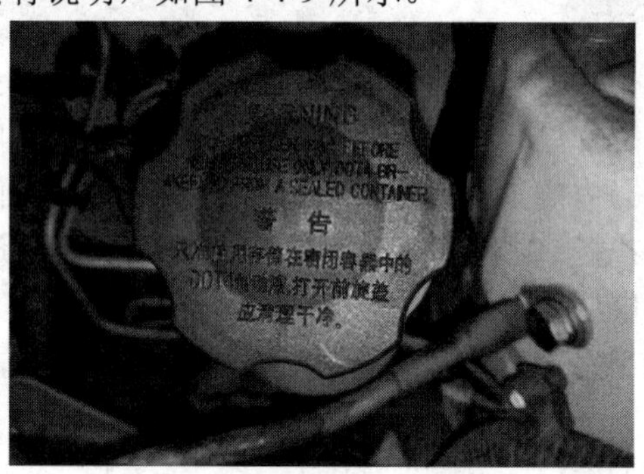


图4-4-9　制动液加注口盖

(2) 尽量选择正规厂家生产的制动液，其性能稳定、质量有保证。

(3) 制动液选用的质量等级应等于或高于车辆制造商规定的制动液质量等级。

(4) 严禁不同类型和不同品牌的制动液混合使用，对有特殊要求的制动系统，应加注特定牌号的制动液。由于不同品牌和不同类型的制动液的配方不同，混合使用会造成制动液性能指标下降，即使是互溶性较好，标明能混用或可替代的品牌，使用中也可能引起故障，因而也不要长期混合使用。

### 2. 制动液质量检测

制动液质量检测工作中最常用的检测仪器是用于定性分析含水量的制动液检测笔，如

图 4-4-10 所示。使用制动液检测笔时，拔下测试头护帽，将金属测试头放入被检测制动液中并按下测试开关(如图 4-4-11 所示)，笔身上的指示灯就会亮。制动液质量检测完成后，要用干燥的布或者纸把测试头上的制动液擦拭干净，关闭开关并套好护帽。

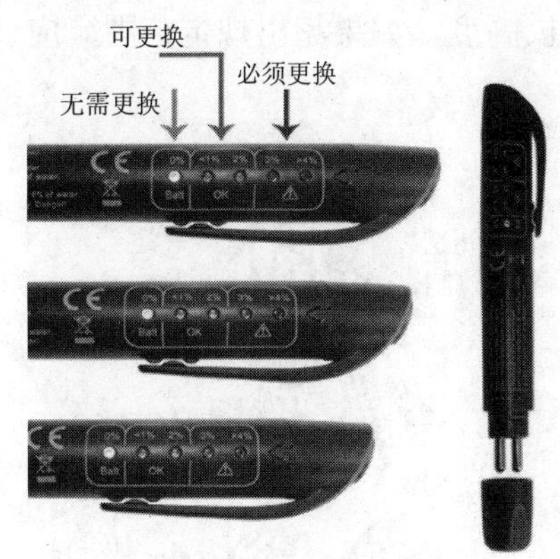


图 4-4-10　制动液测试笔

图 4-4-11　制动液测试

制动液检测笔的指示灯含义如下：

(1) 指示灯显示绿色，其他灯不亮，表示制动液性能良好，不含水分；

(2) 指示灯依次显示绿色/黄色，表明制动液中含水量低于 1%，制动液性能好，可放心使用；

(3) 指示灯显示绿色/黄色/黄色，制动液中含水量约 2%，制动液可继续使用；

(4) 指示灯显示绿色/黄色/黄色/红色，表明制动液中含水量约 3%，建议更换制动液；

(5) 指示灯显示绿色/黄色/黄色/红色/红色，说明制动液中含水量至少 4%，需立刻更换制动液。

### 3. 制动液更换条件

(1) 车辆正常行驶 40 000 km 或连续使用 2 年。

(2) 若发现制动液有杂质或沉淀物，应该及时更换。

(3) 若车辆在正常行驶中出现制动忽轻忽重，要及时更换制动液，并用酒精清洗制动系统。

(4) 若出现制动效能降低或制动踏板回位滞后，要及时对制动系统进行全面检查。如发现橡胶件膨胀变形，说明制动液质量存在问题，这时应选择质量比较好的制动液予以更换，同时更换相关橡胶件。

(5) 冬季时，如发现制动效果下降，应及时更换在低温下黏度偏小的制动液。

## 四、制动系统维护流程

### 1. 制动系统外观检查

目测制动系统液压管道、接头处，检查有无泄漏、破损、锈蚀；检查制动储液罐制动液液面位置，应处在高(MAX)和低(MIN)位刻线之间，如图 4-4-12 所示。

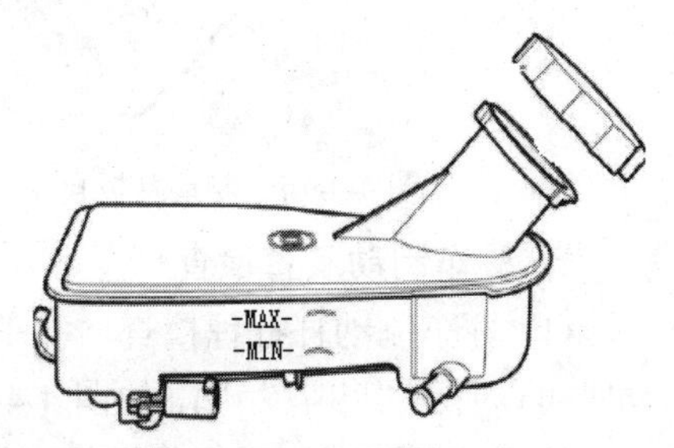


图 4-4-12　制动液液面检查

### 2. 制动踏板检查

(1) 制动踏板状况检查。检查制动踏板有无反应灵敏度差、踏板不完全落下、异常噪声、过度松动等现象，如图 4-4-13 所示。

(2) 踏板高度检查。使用一把直尺测量制动踏板高度，如果超出规定范围，应调整踏板高度，如图 4-4-14 所示。

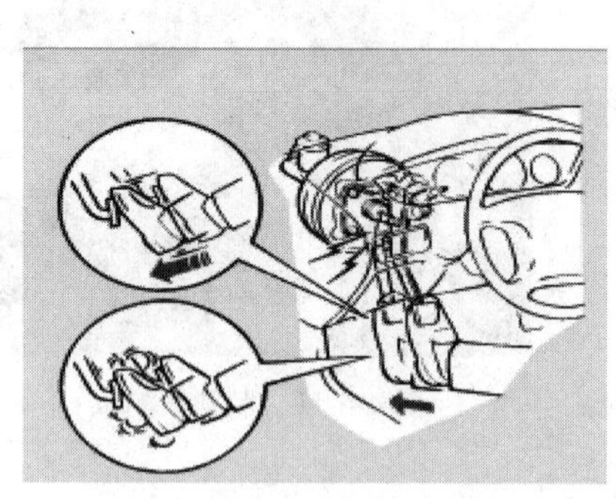

图 4-4-13 制动踏板检查

图 4-4-14 踏板高度检查

注意：测量从地面到制动踏板上表面的距离，如果必须要从地毯表面开始测量，则应从标准值中减去地毯的厚度。

(3) 制动踏板自由行程检查。踩下制动踏板几次，解除制动助力器，然后使用手指轻轻按压制动踏板并使用一把直尺测量制动踏板自由行程，如图 4-4-15 所示。对于配备了液压制动助力器的车辆，至少要踩下制动踏板 40 次。

(4) 制动踏板行程余量。驻车制动器松开时，用力踩下制动踏板，然后使用一把标尺测量踏板行程余量，检查其是否处于规定的范围内，如图 4-4-16 所示。踏板行程余量标准值请参阅相关车型维修手册。

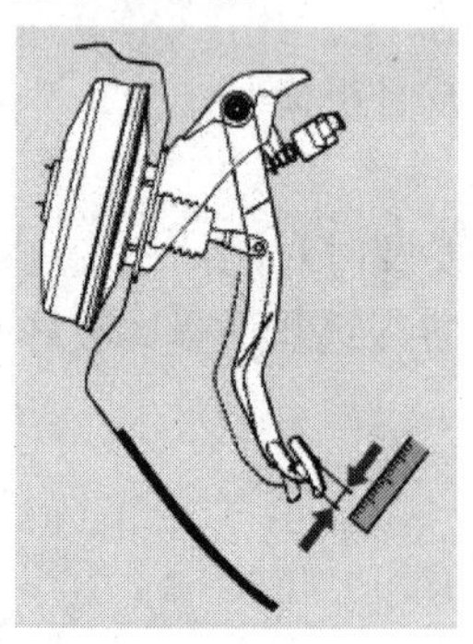

图 4-4-15 制动踏板自由行程检查

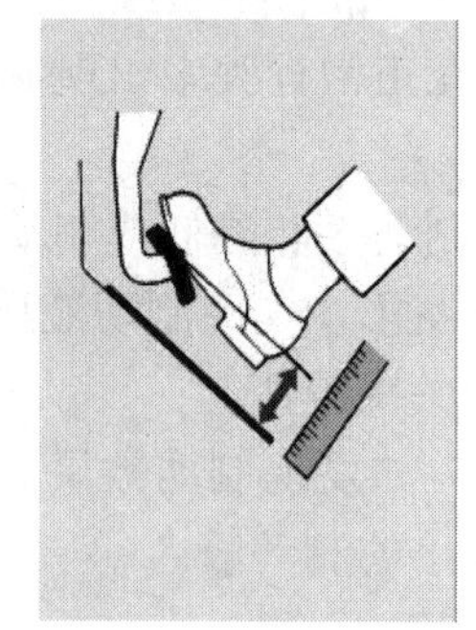

图 4-4-16 制动踏板行程余量检查

### 3. 驻车制动装置检查

(1) 驻车制动杆行程检查。驻车制动杆被拉动时，检查其行程是否在预定的槽数内(拉动时可以听到“咔嗒”声)，如图 4-4-17 所示，如果不符合标准，应调整驻车制动杆的行程。

注意：若驻车制动杆行程超出规定值，应调整后制动蹄片或驻车制动蹄片的间隙，然后重复检查。

(2) 检查驻车指示灯工作情况。将启动开关置于 ON 位置，在拉动杆到达第一个槽口位置前，检查仪表上的驻车指示灯是否已经亮起，如图 4-4-18 所示。

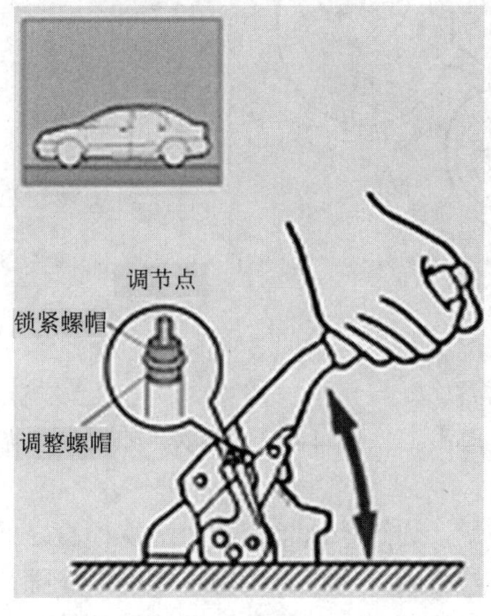


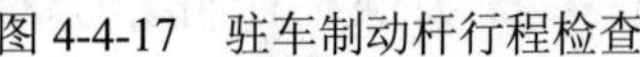

图 4-4-17　驻车制动杆行程检查

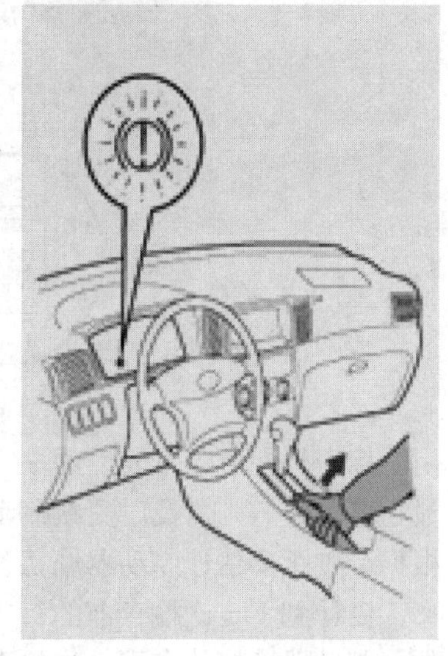

图 4-4-18　驻车指示灯工作情况检查

(3) 驻车制动拉杆行程调整。在调整驻车制动杆行程之前，应确保驻车制动蹄片间隙已经调整好。

① 松开锁止螺母；

② 转动调整螺母或者调整六角螺栓直到驻车制动杆或者踏板行程已经正确；

③ 拧紧锁止螺母，如图 4-4-19 所示。

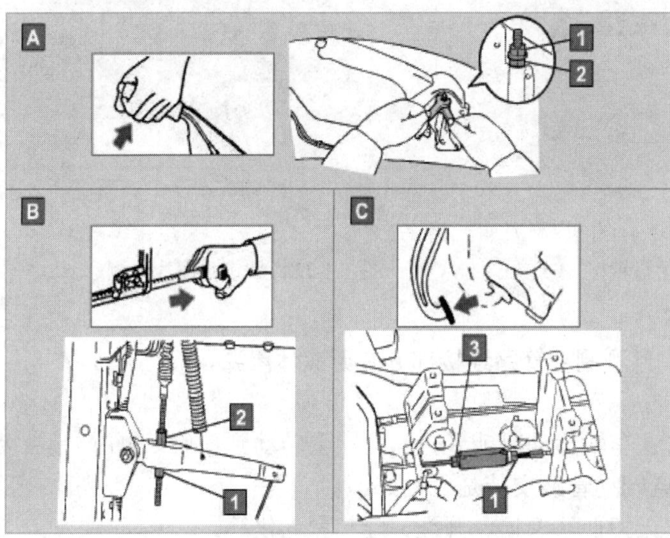


A—中央手柄类型；
B—拉杆类型；
C—踏板类型；
1—锁止螺母；
2—调整螺母；
3—调整六角螺栓；

图 4-4-19　驻车制动拉杆行程调整

**4. 制动摩擦片的检查和更换**

盘式制动摩擦片的检查：拆下车辆前轮，用游标卡尺或钢板尺测量内外摩擦片的厚度，如图 4-4-20 所示。摩擦片厚度(不计背板厚度)应符合该车型维修手册规定的数值。

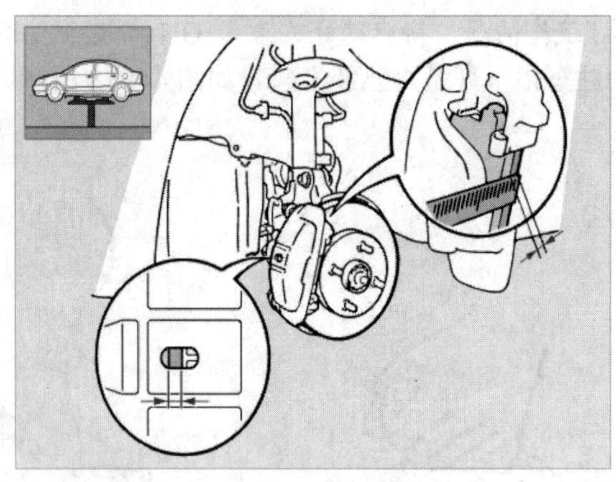

图 4-4-20　摩擦片检测

用游标卡尺在制动盘表面的中心测量制动盘厚度，如图 4-4-21 所示。如果制动盘厚度低于最小厚度值，则需及时更换制动盘。

根据行驶距离估计制动器摩擦片的剩余磨损量，通过该次检查和上一次检查之间的行驶距离，估计到下一次检查前的行驶距离；通过检查上一次检查到现在制动器摩擦片的磨损，估计制动器摩擦片在下一次检查时的情况。在检查时，如果估计制动器摩擦片的厚度小于可接受的磨损值，建议本次更换制动器摩擦片。

鼓式制动摩擦片厚度(不计背板厚度)的测量如图 4-4-22 所示，如果摩擦片厚度(不计背板厚度)接近维修手册规定的磨损极限，必须予以更换。制动鼓摩擦表面如果凹槽过深，或制动鼓内圆柱成椭圆，必须与蹄片一起更换。

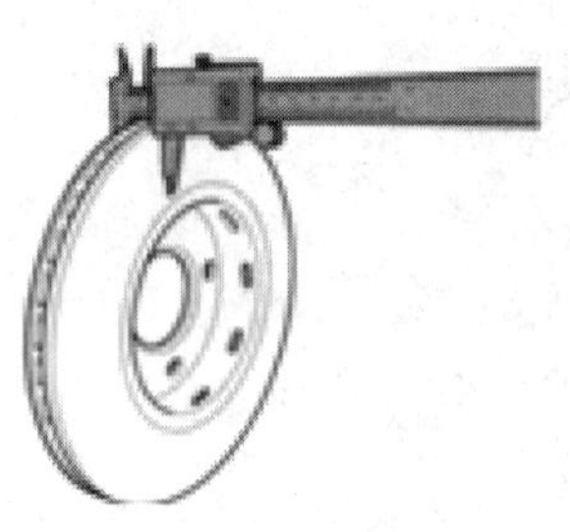

图 4-4-21　制动盘检测

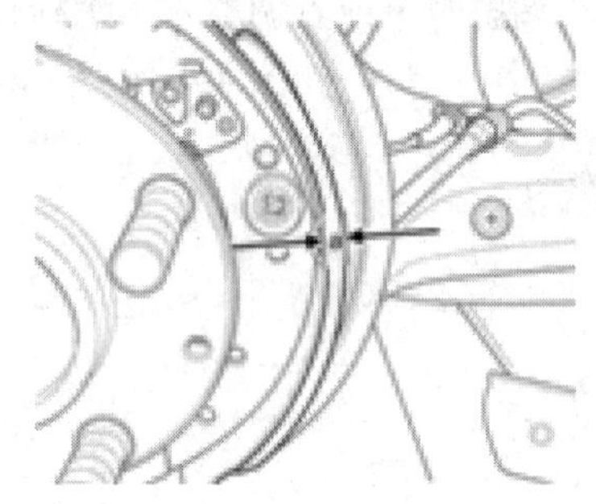

图 4-4-22　鼓式摩擦片检测

### 5. 制动管路检查

(1) 制动管路渗漏检查。目测制动管路连接部分有无液体渗漏。

(2) 制动管路检查。

① 检查制动管路和软管在车辆运动时或者方向盘完全转动到任何一侧时，是否因震动而与车轮或者车身接触；检查制动管路安装是否良好。

② 检查制动管路软管有无扭曲、磨损、开裂、隆起和老化等。

### 6. 制动盘跳动量检查

制动盘的跳动量必须符合该车型维修手册的相关规定，否则会影响制动性能。制动盘跳动量的具体检测方法如下：

(1) 在工作台上组装磁性表座，如图 4-4-23 所示；

(2) 将磁性表座固定在减震器上，如图 4-4-24 所示；

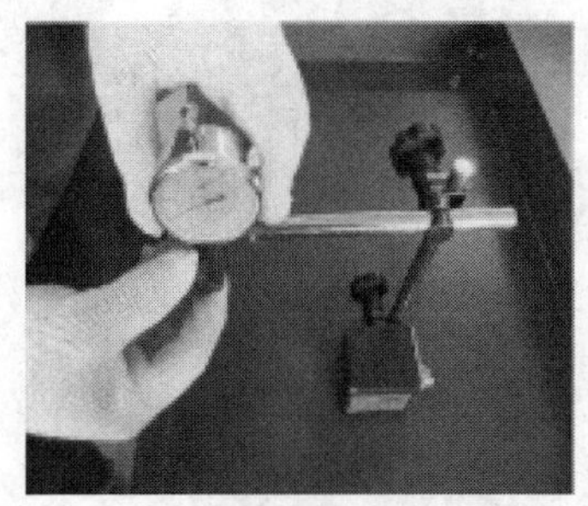
图 4-4-23　组装磁性表座

图 4-4-24　固定磁性表座

(3) 安装百分表，表头距制动盘边缘 10 mm，且百分表表头与制动盘垂直，如图 4-4-25 所示；

(4) 均匀转动制动盘并记下制动盘的最大跳动量，若超出规定范围，则应换新件，如图 4-4-26 所示。

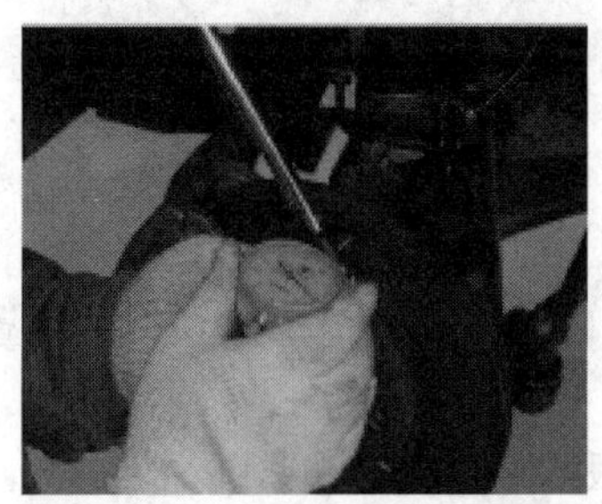
图 4-4-25　安装百分表

图 4-4-26　测量制动盘的最大跳动量

注意：在更换新制动盘之前，要用专用清洁剂清洗表面的保护油膜，并用干净抹布擦干或用压缩空气吹干。专用清洁剂是易燃、有毒的化学品，使用前要仔细阅读使用方法。

**7. 制动液检查**

(1) 制动液液位检查。检查制动总泵的储液罐中制动液液位是否在最高线和最低线之间，如图 4-4-27 所示。

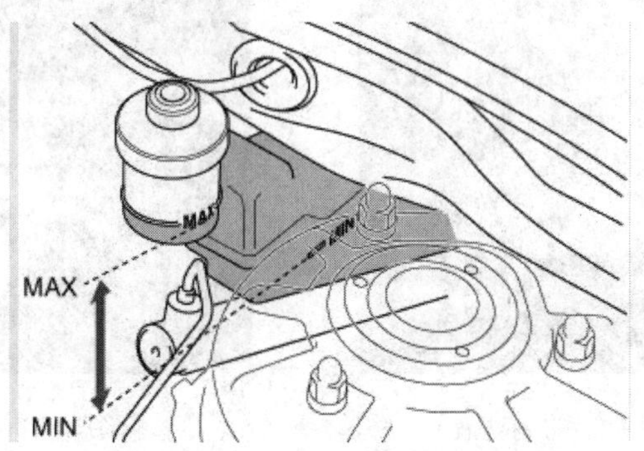

图 4-4-27　制动液液位检查

注意：如果制动盘或者制动器摩擦片磨损，制动液液位就会下降；如果制动液液位明显偏低，则需要检查制动系统有无渗漏。

(2) 制动系统渗漏检查。检查制动总泵、制动钳、制动管路等有无液体渗漏，如图 4-4-28 所示。

注意：如果制动液溅出或者粘在油漆上，应立即用清水冲洗。

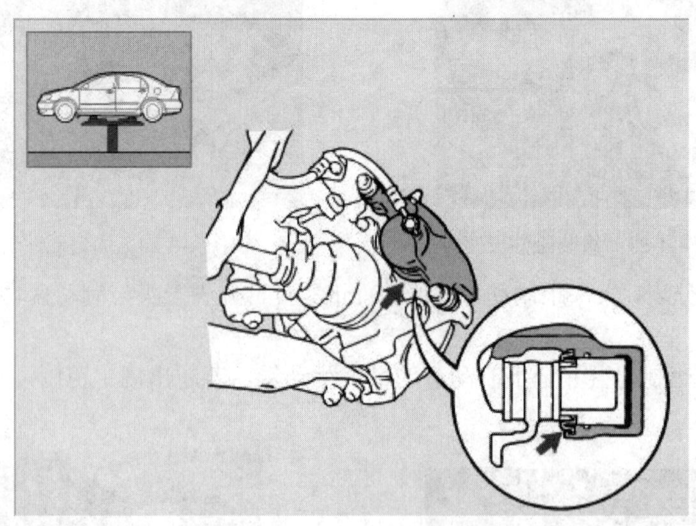

图 4-4-28 制动系统渗漏检查

(3) 制动液更换。

① 从制动液储液罐上拧下密封盖，制动液储液罐连接制动液加注及排气装置的吸油软管，抽吸尽可能多的旧制动液，如图 4-4-29 所示。

② 在驾驶员座椅和制动踏板之间放置制动踏板加载装置，并预紧。

③ 在制动液储液罐上连接制动液加注及排气装置的适配接头，将制动液加注及排气装置的加注软管连接在适配接头上，并启动装置，如图 4-4-30 所示。

图 4-4-29 抽吸旧的制动液

图 4-4-30 制动液加注

④ 拔下左前制动钳排气螺栓上的盖罩，将排气螺栓与制动液收集瓶上的排气软管牢固地固定在一起，以免空气进入制动装置内。用油管扳手旋松排气螺栓，然后放出制动液，如图 4-4-31 所示。

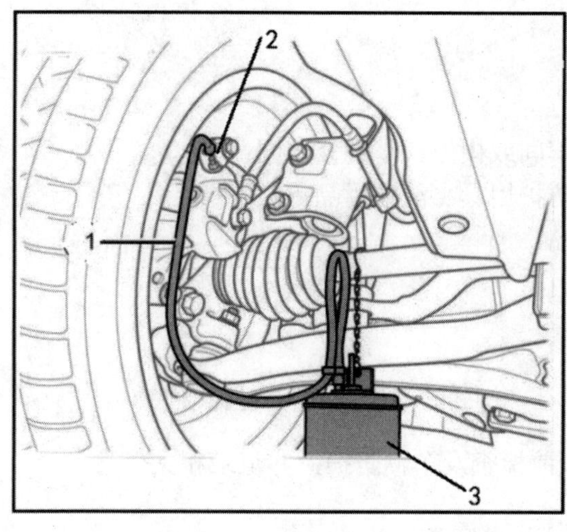


1—排气软管；
2—排气螺栓；
3—制动液收集瓶

图 4-4-31　排放制动液

⑤ 拧紧排气螺栓。

⑥ 在汽车右前制动钳上重复此工作步骤。

⑦ 拆下两个后车轮。

⑧ 在汽车两后轮上重复③～⑤工作步骤。

⑨ 将适配接头从制动液储液罐拧下，检测制动液液位，将其调整在位置“MAX”和“MIN”两条刻线之间。

⑩ 将密封盖拧在制动液储液罐上，取出制动踏板加载装置，重新安装车轮，完成制动液更换。

**8. 电动真空泵及控制器检查维护**

检查新能源汽车制动系统的电动真空泵及控制器的具体方法是：车辆停稳后，拉起驻车制动，启动开关置于 ON 位置，将制动踏板踩到底，反复踩踏三次后真空泵应正常启动，大约 10 秒后真空度到达设定值，此时真空泵应停止运转；反复踩踏制动踏板，使制动真空泵连续运转五分钟，然后观察真空泵有无异响、异味，真空泵控制器插接器、线束有无变形、发热现象。

在真空泵运转时，检查制动真空泵与软管连接处、制动真空罐与软管连接处是否漏气，检查各软管有无老化、扭曲及破损。

注意：

(1) 更换的制动液必须与原来的制动液编号等级相同，不得和其他等级的制动液混用。

(2) 制动液有毒且有腐蚀性，不允许与皮肤、车辆油漆及其他零件表面接触。如果制动液溢出，要用大量的清水冲洗。

(3) 制动液具有吸湿性，必须密封保存，否则会从环境中吸取水分而变质。

(4) 注意遵守废弃物处理规定，合理收集和处置排放的废旧制动液。

(5) 制动液更换完成后，检测踏板压力和制动踏板的自由行程，自由行程应为踏板行程最大值的 1/3。确保制动液液位符合要求、制动装置无泄漏和损坏、液压软管无扭转、液压软管和车轮无摩擦。

## 【任务准备】

(1) 安全、整洁的汽车维修车间或模拟汽车维修车间；
(2) 齐全的消防用具及个人防护用具、清洁用品等；
(3) 实训整车及相关防护用品；
(4) 汽车举升机、常用工具。

## 【任务实施】

1. 完成纯电动汽车维修作业前检查及车辆防护，并记录相关信息。
2. 制动液检查。
3. 制动管路检查。
4. 前后制动盘和制动摩擦片检查。
5. 检查并调整驻车制动装置。
6. 检查制动踏板自由行程。
7. 检查真空助力器和真空泵。
8. 更换制动液。

## 【任务评价】

**任务技能评分记录表**

| 序号 | 项　目 | 评 分 标 准 | 得　分 |
|---|---|---|---|
| 1 | 接收工作任务 | 明确工作任务 | |
| 2 | 咨询 | 知道护目镜等防护设备穿戴规范 | |
| 3 | | 了解制动系统的组成和功能 | |
| 4 | | 掌握维护保养三件套使用规范 | |
| 5 | 计划 | 能协同小组分工 | |
| 6 | | 实施前准备好设备 | |
| 7 | 实施 | 正确完成防护设备穿戴 | |
| 8 | | 正确使用扭力扳手和游标卡尺等 | |
| 9 | | 规范使用举升机 | |
| 10 | | 现场恢复整理 | |
| 11 | 检查 | 操作过程规范 | |
| 总　分 | | | |

## 【学习工作页】

<table>
<tr><td rowspan="2"></td><td rowspan="2">新能源汽车维护保养</td><td colspan="2">项目四：新能源汽车底盘系统维护</td></tr>
<tr><td colspan="2">任务四：新能源汽车制动系统维护</td></tr>
<tr><td>班级：</td><td>日期：</td><td>姓名：</td><td>学号：</td></tr>
</table>

任务描述：丰田卡罗拉汽车进行 5000 km 例行保养，对制动系统做维护与保养。

1. 填空题

(1) 行车制动装置的作用是____________________；驻车制动装置的作用是________________。

(2) 制动系统需要检查维护的有________、________、________、________、________、________、________等部件。

2. 问答题

(1) 驻车制动装置的保养与维护需要检查哪些项目，如何实施？

(2) 制动系统的保养与维护需要检查哪些项目，如何实施？

(3) 简述制动液检测笔的指示灯含义。

(4) 简述制动液的选用原则。

# 项目五　新能源汽车电气系统维护

## 任务一　新能源汽车车身电气设备维护

【学习目标】

(1) 了解新能源汽车车身电气设备的组成；
(2) 掌握新能源汽车辅助电池的检查方法；
(3) 掌握车辆仪表指示灯的检查方法；
(4) 掌握汽车灯光的检查方法；
(5) 掌握汽车电动车窗及后视镜的检查方法。

【任务载体】

对某品牌电动汽车车身电气设备进行维护。

【相关知识】

### 一、车身电气设备

#### 1. 新能源汽车车身电气设备的组成及作用

新能源汽车车身电气设备一般包括以下四部分：

(1) 低压电源。低压电源即 12 V 蓄电池，它为其他车身电气设备及控制单元提供电能。

(2) 低压用电设备。

① 照明设备，如前照灯、牌照灯、阅读灯等，为车辆提供车内外照明；

② 报警与信号设备，如转向灯、制动灯、危险报警灯、喇叭等，为行人及车辆提供安全警报信号；

③ 仪表系统，如里程表、电量表、温度表、转速表等，实时监测并显示车辆运行情况；

④ 舒适娱乐设备，如收音机、电动座椅、电动门窗、电动雨刮器等，保证驾乘人员的安全性和舒适性。

(3) 电子控制设备。由微处理器控制的各个系统，如车身控制系统、制动防抱死系统、电子转向系统、动力电池管理系统、自动空调、安全气囊、定速巡航系统等，它们将进一步提升汽车驾驶的安全可靠性。

(4) 辅助电气设备。辅助电气设备主要包括中央接线盒、保险、熔断器、开关、继电器、插接器和导线等，它们可确保汽车电气设备安全运行和操作、维修方便。

**2. 新能源汽车车身电气设备的特点**

(1) 直流电源。目前新能源汽车车身电气设备采用直流电源供电。

(2) 低压。新能源汽车采用 12 V 直流电源为车身电气设备供电。

(3) 负极搭铁。负极搭铁指的是将车身与蓄电池的负极电缆相连接。负极搭铁充分利用了车身金属导电的特性，减少了线束数量。

(4) 单线制。用电设备与低压电源之间用一根导线连接，减少了导线数量，简化了线路，安装检修方便，低压用电设备不需与车体绝缘。

## 二、低压蓄电池的结构和维护

**1. 低压蓄电池的作用和结构**

新能源汽车的低压电源是一块 12 V 铅酸蓄电池，它为车身电气设备和动力电池管理系统提供电能。低压蓄电池电压不足时，动力电池可通过 DC-DC 变换器对其充电。

目前新能源汽车普遍采用免维护的铅酸蓄电池，其内部由 6 个单体电池串联而成，由极柱、极板、隔板、电解液、外壳、联条及电量指示等组成，如图 5-1-1 所示。

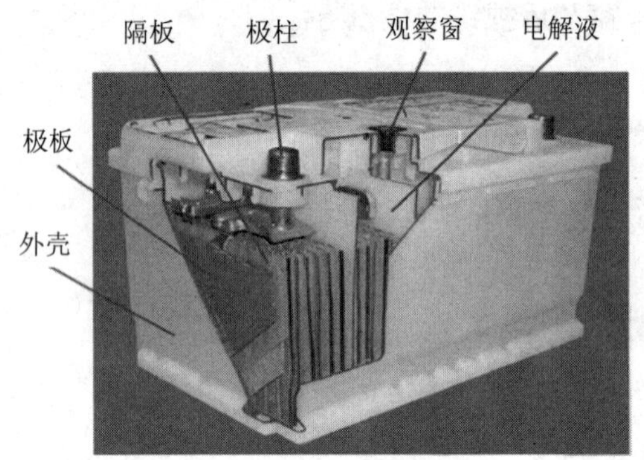


图 5-1-1　铅酸蓄电池的组成

**2. 低压蓄电池的检查和维护**

(1) 蓄电池外观检查。

① 定期对蓄电池外部进行清理，清洁蓄电池外表的灰尘及泥水，保证加液孔盖上的通气孔畅通，擦拭蓄电池正、负极柱和导线接头，并涂抹凡士林或黄油，防止氧化；

② 紧固固定架，使蓄电池固定牢固，检查正、负极柱与导线的连接是否牢固，并涂抹凡士林或黄油；

③ 检查蓄电池壳体有无裂纹或者漏液；

④ 检查蓄电池通风孔塞是否畅通；

⑤ 检查蓄电池正、负极导线是否松动；

⑥ 检查蓄电池电量观察口是否为绿色，或用万用表测量蓄电池正、负极电压是否正常。

(2) 蓄电池放电电流测试。

① 将钥匙置于 OFF 位置，关闭车门及所有用电设备；

② 确认车内所有用电设备处于关闭状态；

③ 将蓄电池负极线束拆下；

④ 使用万用表电流挡测试，黑表笔放在蓄电池负极极柱处，红表笔连接蓄电池负极线；

⑤ 待电流下降到最小值时，记录这一数值，若小于 30 mA 为正常，若大于 30 mA，则说明车辆用电设备有漏电现象，应及时处理。

(3) 蓄电池的拆卸和更换。

若电池使用时间超过 3 年，出现无法充电的现象，应予以更换。拆卸蓄电池时，先拆卸负极线束，再拆卸正极线束，安装时顺序相反。

为保护新能源汽车的电子器件免受损坏，拆卸或安装蓄电池时，应确保车辆钥匙处于 OFF 状态。

① 蓄电池的拆卸方法：

将启动开关置于“OFF”位置，拔下钥匙；

先拧松蓄电池负极柱上的接线柱夹头紧固螺母，取下负极线束，再拧松蓄电池正极柱上的接线柱夹头紧固螺母，取下正极线束；

拧松蓄电池固定夹板的固定螺栓，取下固定夹板；

取下蓄电池，小心轻放，避免蓄电池倾斜或倒置；

检查蓄电池壳体上有无裂纹和漏液，若发现裂纹和渗漏应更换蓄电池，并妥善处理故障电池。

② 蓄电池的更换、安装方法：

检查蓄电池型号、规格是否适合该车辆使用；

按照蓄电池正、负极柱和正、负极线束端子的相对位置，将蓄电池安放到固定架上；

清洁蓄电池正、负极柱及接线夹头；

先安装蓄电池正极接线夹头，再安装负极接线夹头，并紧固夹头螺母；

为避免正、负极柱和接线端子氧化、锈蚀，需要在正、负极柱及其接线端子上涂抹一层润滑脂；

安装固定夹板，并拧紧夹板固定螺栓。

(4) 蓄电池电解液液面高度检查。

对于普通蓄电池，需要定期检查电解液液面高度，具体方法是用内径为 3～5 mm 的玻璃管测量，如图 5-1-2 所示。蓄电池电解液液面高度标准值为 10～15 mm。

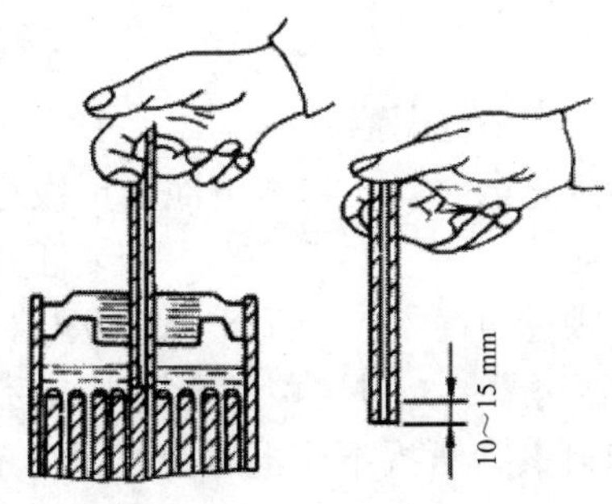


图 5-1-2　玻璃管测量电解液液面高度

(5) 蓄电池电解液密度检查。

电解液密度的大小是判断蓄电池容量的重要标志。测量蓄电池电解液密度时，蓄电池应处于稳定状态。蓄电池电解液密度的具体测量方法：蓄电池充、放电或加注蒸馏水后静置半小时，用吸式密度计测量电解液密度，如图 5-1-3 所示。蓄电池充电状态与电解液密度的关系见表 5-1-1。

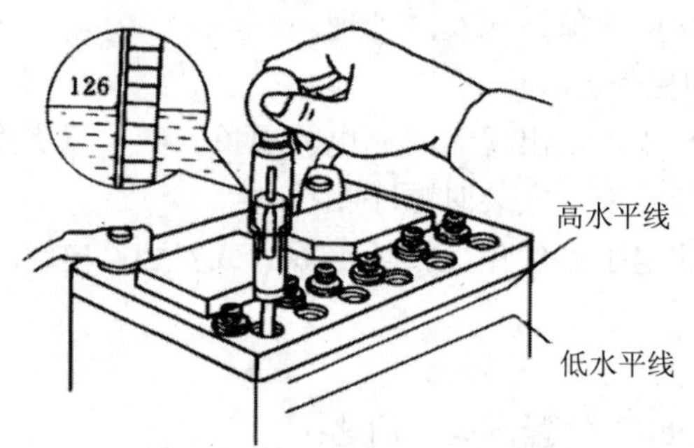


图 5-1-3 电解液密度测量

**表 5-1-1 蓄电池充电状态与电解液密度的关系**

| 充电状态(%) | 100 | 75 | 50 | 25 | 0 |
|---|---|---|---|---|---|
| 电解液相对密度(g/cm$^3$) | 1.27 | 1.23 | 1.19 | 1.15 | 1.11 |

(6) 蓄电池开路电压检测。

蓄电池开路电压检测具体方法：打开远光灯并持续 30 s，消除因蓄电池刚充过电或车辆刚刚停驶而引起的“表面充电”现象，然后关闭远光灯，拆下蓄电池负极连接线束，用万用表测量蓄电池的开路电压。蓄电池放电程度与开路电压的关系如表 5-1-2 所示。

**表 5-1-2 蓄电池开路电压与放电程度对照表**

| 电压 | 放电程度 |
|---|---|
| 12.6 V | 0 |
| 12.2 V | 25% |
| 12 V | 50% |
| 11.5 V | 75% |
| 11.2 V | 100% |

注意：

(1) 严格遵守各种充电方法的充电规范。

(2) 将充电机与蓄电池连接充电时，应将蓄电池的正极与充电机正极相连，负极与充电机负极相连。蓄电池的极柱上有“+”、“−”符号，或者正极柱上有红色保护盖。如果标记模糊不清，可通过观察正、负极柱的直径来判断，一般正极极柱的直径比负极极柱的直径大。

(3) 充电时，导线必须连接可靠；充电连接线连接牢固后，再打开充电机的电源开关。停止充电时，应先关闭充电机开关，再拆下充电连接线。在充电过程中，不要直接连接或断开充电连接线。

(4) 在充电过程中，要密切观察蓄电池的变化，及时判断充电程度和技术状况。

(5) 在充电过程中，要密切观察蓄电池温度变化，以免温度过高，影响蓄电池的使用性能。

(6) 配制和加注电解液时，一定要严格遵守安全操作规则和器皿的使用规则。

(7) 充电场所要准备冷水、浓度为10%的苏打溶液或氨水溶液。

(8) 室内充电应打开蓄电池加液孔盖，使气体顺利逸出，以免发生事故。室内要安装通风装置，并要严禁明火。

## 三、新能源汽车仪表板检查

### 1. 仪表板

仪表板能实时显示电池电量、瞬时车速、瞬时电耗、倒车雷达、动力电池电压、动力电池输出或输入电流、驱动电机转速、续航里程、保养里程、车外温度、绝缘信息等 20 多项信息，如图 5-1-4 和表 5-1-3 所示。仪表板不同，指示灯对应的信息是不同的，具体含义如表 5-1-4 所示。

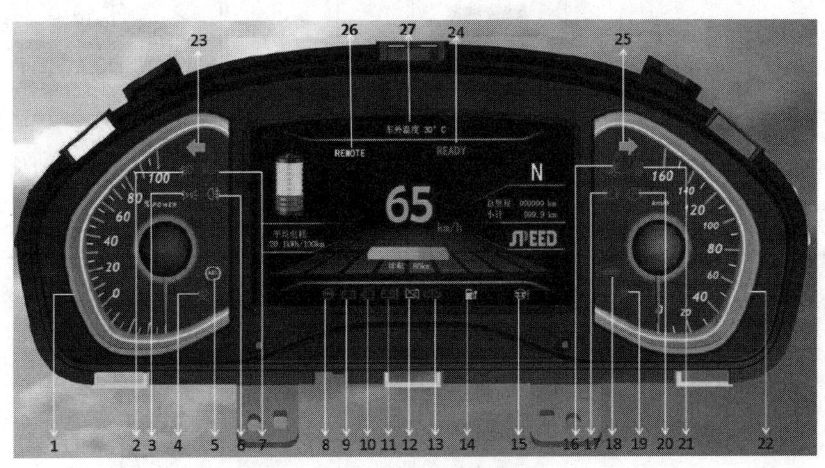


图 5-1-4　仪表板

**表 5-1-3　仪表板显示的信息**

| | | | | | |
|---|---|---|---|---|---|
| 1 | 驱动电机功率表 | 2 | 前雾灯 | 3 | 示廓灯 |
| 4 | 安全气囊指示灯 | 5 | ABS 警示灯 | 6 | 后雾灯 |
| 7 | 远光灯 | 8 | 跛行指示灯 | 9 | 蓄电池故障指示灯 |
| 10 | 电机及控制器过热指示灯 | 11 | 动力电池故障指示灯 | 12 | 动力电池断开指示灯 |
| 13 | 系统故障的灯 | 14 | 充电提醒灯 | 15 | EPS 故障指示灯 |
| 16 | 安全带未系指示灯 | 17 | 制动故障指示灯 | 18 | 防盗指示灯 |
| 19 | 充电线连接指示灯 | 20 | 驻车制动指示灯 | 21 | 开门指示灯 |
| 22 | 车速表 | 23 | 左转向警示灯 | 24 | READY 指示灯 |
| 25 | 右转向警示灯 | 26 | REMOTE 指示灯 | 27 | 车外温度提示 |

表 5-1-4 仪表板各指示灯对应的含义

| 序号 | 名称 | 显示位置 | 符号 | 颜色 | 显示文字 | 点亮条件 | 处理方式 |
|---|---|---|---|---|---|---|---|
| 1 | 安全带未系 | 表盘 |   | 红色 | 请系安全带 | 当车辆处于 ON 状态，驾驶员或者乘客安全带未系 | 请系好安全带 |
| 2 | 安全气囊 | 表盘 |   | 红色 |  | 当车辆处于 ON 状态且安全气囊发生故障 |  |
| 3 | 车身防盗 | 表盘 |   | 红色 |  | 车身防盗开启 |  |
| 4 | 蓄电池报警灯 | 显示屏 |  | 红色 | 蓄电池故障 | 蓄电池电压高/低故障或 DC-DC 故障 |  |
| 5 | 门开报警 | 表盘 |   | 红色 |  | 驾驶门/乘客门/行李箱任意门打开 |  |
| 6 | ABS | 表盘 |   | 黄色 |  | 车辆 ABS 系统发生故障 |  |
| 7 | 前雾灯 | 表盘 |   | 绿色 |  | 前雾灯打开 |  |
| 8 | 后雾灯 | 表盘 |   | 黄色 |  | 后雾灯打开 |  |
| 9 | 前照灯远光 | 表盘 |   | 蓝色 |  | 远光灯打开 |  |
| 10 | 左转向 | 表盘 |  | 绿色 |  | 车辆左转向 |  |
| 11 | 右转向 | 表盘 |   | 绿色 |  | 车辆右转向 |  |

**续表一**

| 序号 | 名称 | 显示位置 | 符号 | 颜色 | 显示文字 | 点亮条件 | 处理方式 |
|---|---|---|---|---|---|---|---|
| 12 | EBD | 表盘 |  | 红色 | EBD故障 | 车辆 EBD 系统发生故障 | |
| | 制动液位 | | | | 请添加制动液 | 车辆制动液液位低 | 添加制动液 |
| 13 | 制动系统故障 | 表盘 |  | 红色 | 制动系统故障 | 车辆制动系统发生故障 | |
| 14 | 驻车制动 | 表盘 |  | 红色 | | 驻车制动拉起 | |
| 15 | 充电提示灯 | 显示屏 |  | 黄色 | 请尽快充电 | 充电提醒：电量小于 30%时指示灯点亮，低于 5%时提示“请尽快充电” | |
| 16 | 系统故障 | 显示屏 |  | 红色 | | 仪表板与整车失去通信时，指示灯持续闪烁；车辆出现一级故障时，指示灯持续点亮 | |
| | | |  | 黄色 | | 车辆出现二级故障时，指示灯持续点亮 | |
| 17 | 充电提示灯 | 表盘 | | 红色 | 请连接充电枪 | 充电枪线缆接触不好时，显示“请连接充电枪” | |
| 18 | READY 指示灯 | 显示屏 |  | 绿色 | | 车辆准备就绪 | |
| 19 | 跛行指示灯 | 显示屏 |  | 红色 | 车辆进入跛行状态 | 加速踏板故障 | |

续表二

| 序号 | 名称 | 显示位置 | 符号 | 颜色 | 显示文字 | 点亮条件 | 处理方式 |
|---|---|---|---|---|---|---|---|
| 20 | EPS 故障 | 显示屏 |  | 黄色 | EPS 系统故障 | EPS 系统发生故障 |  |
| 21 | 挡位故障 | 显示屏 |  |  |  | 挡位故障触发后，当前挡位持续闪烁 |  |
| 22 | 电机冷却液温度过高 | 显示屏 |  | 红色 | 电机冷却液温度过高 | 电机或电机控制器温度过高而引起的冷却液温度过高 |  |
| 23 | 电机转速过高 | 文字提示区域 | ------ | ------ | 电机转速过高 | 电机转速过高 |  |
| 24 | 请尽快离开车内 | 文字提示区域 | ------- | ------ | 请尽快离开车内 | 电池严重故障 |  |
| 25 | 动力电池断开 | 显示屏 |  | 黄色 |  | 车辆动力电池断开 |  |
| 26 | 动力电池故障 | 显示屏 |  | 红色 | 动力电池故障 | 车辆动力电池发生故障 |  |
| 27 | 示廓灯 | 表盘 |  | 绿色 |  | 示廓灯打开 |  |
| 28 | 绝缘故障 | 文字提示区域 | ----- | ----- | 绝缘故障 | 车辆发生绝缘故障 |  |
| 29 | 驱动电池系统故障 | 文字提示区 | ----- | ----- | 驱动电机系统故障 | 车辆驱动电机系统发生故障 |  |
| 30 | 车身控制模块故障 | 文字提示区 | ----- | ----- | 车身控制模块故障 | 车辆车身控制模块发生故障 |  |

### 2. 检查新能源汽车仪表屏幕

以某品牌电动汽车为例，仪表屏幕的具体检查步骤如下：

(1) 检查组合仪表屏幕表面有无划痕、裂纹；

(2) 将启动开关置于 ON 位置，检查控制系统自检功能是否正常，故障指示灯是否点亮；

(3) 启动车辆后，驻车制动指示灯、安全带未系指示灯和 READY 指示灯亮起，其他故障指示灯均未点亮，仪表电量显示不少于 25%；

(4) 踩下制动踏板，用手转动换挡旋钮，换挡旋钮在 D、N、R 各挡位间有明显的过渡感，仪表屏幕准确显示相应的挡位符号，换挡平顺无卡滞；换挡旋钮在 R 挡位置时，观察倒车雷达、倒车影像工作是否正常；

(5) 拉起驻车制动杆至总行程的 2/3 处，实现驻车制动，制动灯亮起；放下驻车制动杆，制动灯熄灭。

## 四、汽车照明与信号装置

汽车在夜间行驶时，灯光起到照明、转向、警示等作用，是不可或缺的装置。为了确保提高汽车行驶速度时的驾驶安全，汽车上装有多种照明装置。汽车照明装置根据用途和安装位置的不同，一般可分为外部照明装置和内部照明装置，如图 5-1-5 和图 5-1-6 所示。

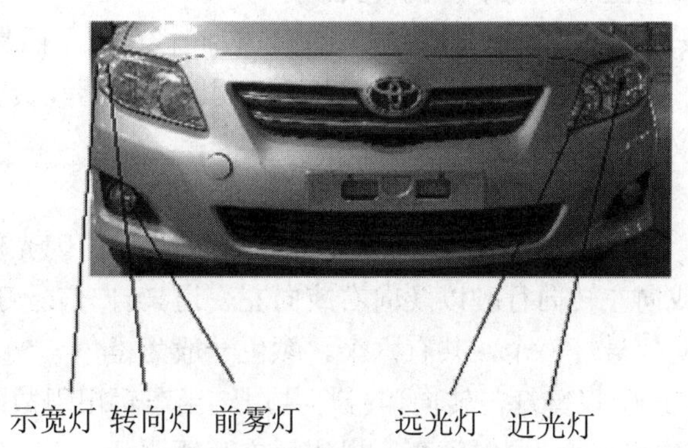


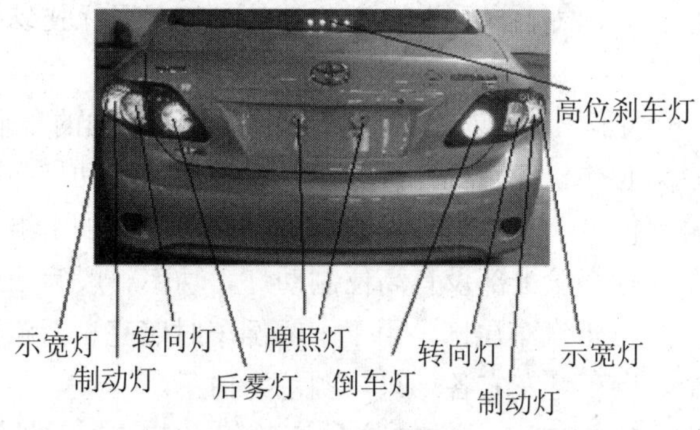


图 5-1-5　汽车外部照明装置

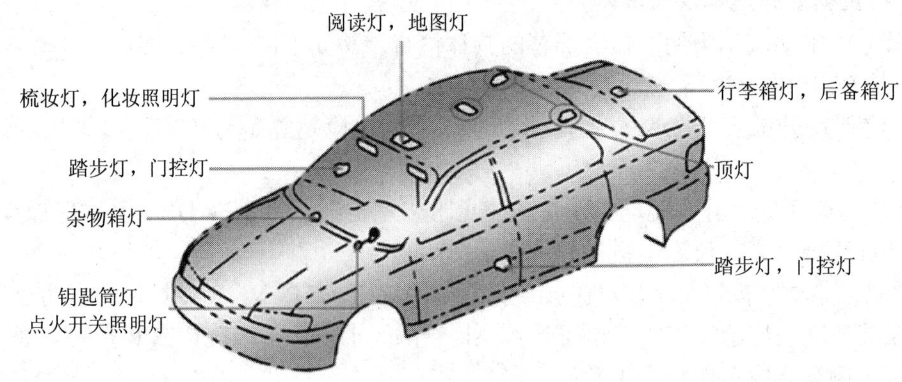


图 5-1-6 汽车内部照明装置

汽车照明与信号装置中的主要灯光如下：

(1) 前照灯。前照灯分为两灯制和四灯制，位于汽车前部左右两侧，夜间行车时用于道路照明，功率一般为 40～60 W。

(2) 雾灯。雾灯分为前雾灯和后雾灯。前雾灯位于汽车前部，水平位置低于前照灯，在雨雾天气行车时用于道路照明。后雾灯位于汽车后部，交通管理部门规定雾灯的颜色采用光波较长的黄色、橙色或红色，在雨雾天气高速行驶时，后方车辆或行人能够看清前车位置，以减少交通事故发生率，功率一般较大。

(3) 牌照灯。牌照灯位于汽车尾部牌照的上方，夜间行车用于照亮牌照。

(4) 仪表板背光灯。仪表板背光灯用于仪表板照明，以便驾驶员获取行车信息进行正确操作，其数量根据仪表板设计布局而定。

(5) 顶灯。顶灯位于驾驶室或车厢顶部，用于车内照明。

(6) 转向信号灯。汽车转弯或变道前，在行驶方向一侧发出闪光信号，向前后车辆及行人指示汽车要向右或向左转向行驶以及向右或向左变道。转向信号灯位于车辆左右两侧，一侧有前、后、侧转向信号灯三个，共有六个，颜色一般为橙色。

(7) 危险报警灯。危险报警灯与转向信号灯共用。当车辆出现故障停在路面上时，按下危险警报灯开关，全部转向灯同时闪亮，提醒后方车辆避让。

(8) 示宽灯。示宽灯位于汽车前后两侧边缘，在汽车夜间行驶或停车时，标示车辆宽度和轮廓，颜色为白色。

(9) 尾灯。尾灯位于汽车尾部，左右各一只，用于警示后面的车辆，颜色为红色。

(10) 制动灯。制动灯位于汽车后面，踩下制动踏板时，制动灯亮起，向后方车辆及行人发出减速或制动的警示信号，颜色为较强的红光。制动灯多采用组合式灯具，一般与尾灯共用灯泡，同时在车辆行李舱上部设有高位制动灯，功率一般为 20 W 左右。

(11) 倒车灯。倒车灯位于汽车尾部，用于车辆倒车时照亮车后路面，并提醒车后的其他车辆和行人注意安全。倒车灯左右各一只，颜色为白色。

目前，多将前照灯、示宽灯、前转向信号灯等组合起来，称为组合前灯；将尾灯、后转向信号灯、制动灯、倒车灯组合起来，称为组合后灯。灯光组合开关如图 5-1-7 所示。

图 5-1-7　灯光组合开关

## 五、汽车照明及信号装置检查

### 1. 检查外部照明或信号灯光

检查外部照明或信号灯光时，两人配合，车内检查人员旋转灯光组合开关，并检查仪表板是否显示相应指示灯，检查灯光组合开关转换时有无明显阻尼感；车外人员检查示宽灯、近光灯、远光灯、前雾灯、转向灯、危险报警灯、牌照灯、后雾灯、制动灯、倒车灯等是否正常工作。

### 2. 近光灯、仪表板背光灯调整

近光灯高度调整旋钮、仪表板背光灯亮度调节旋钮处于仪表台左下方，如图 5-1-8 所示。打开近光灯后，调节灯光高度调整旋钮，检查执行电机是否工作，判断转动有无异响；仪表板点亮后，分别向上和向下拨动仪表背光灯亮度调节旋钮，观察仪表屏幕的亮度有无明显变化。

图 5-1-8　灯光调节

## 六、电动车窗和电动内外后视镜检查

(1) 检查电动车窗开关、内后视镜调整开关功能是否正常；

(2) 检查各门窗玻璃升降器是否工作正常，有无异响、卡滞现象；

(3) 检查左右外后视镜各方向调节功能是否正常，调节过程中有无异响、卡滞现象；

(4) 检查左右外后视镜的除霜功能、折叠功能是否正常。

## 七、插接件、线束检查

检查各线束有无破损、固定是否牢固，各搭铁点连接是否牢靠、有无生锈或松动现象；

检查各线束工作过程中有无过热现象；检查各插接器有无退针现象，卡扣有无损坏、松动现象；以上现象若有出现，需及时处理或更换。

## 【任务准备】

(1) 安全、整洁的汽车维修车间或模拟汽车维修车间；
(2) 齐全的消防用具及个人防护用具；
(3) 实训用整车及相关防护用品；
(4) 汽车举升机、常用工具；
(5) 清洁用品等。

## 【任务实施】

1. 完成纯电动汽车维修作业前检查及车辆防护，并记录相关信息。
2. 检查仪表板指示灯。
3. 检查仪表板背光灯、收音机、阅读灯和车外灯光。
4. 检查电动天窗。
5. 检查低压蓄电池。
6. 检查机舱内线束连接情况。

## 【任务评价】

任务技能评分记录表

| 序号 | 项 目 | 评 分 标 准 | 得 分 |
|---|---|---|---|
| 1 | 接收工作任务 | 明确工作任务 | |
| 2 | 咨询 | 掌握三件套等防护设备使用规范 | |
| 3 | | 了解车身电气设备的组成和功能 | |
| 4 | 计划 | 能协同小组分工 | |
| 5 | | 实施前准备好设备 | |
| 6 | 实施 | 正确完成三件套放置 | |
| 7 | | 正确使用保养工具 | |
| 8 | | 规范进行灯光检测 | |
| 9 | | 现场恢复整理 | |
| 10 | 检查 | 操作过程规范 | |
| 总 分 | | | |

## 【学习工作页】

| | 新能源汽车维护保养 | 项目五：新能源汽车电气系统维护 | |
|---|---|---|---|
| | | 任务一：新能源汽车车身电气设备维护 | |
| 班级： | 日期： | 姓名： | 学号： |

任务描述：掌握新能源汽车车身电气设备维护方法

1. 填空题

(1) 汽车照明装置根据安装位置和用途的不同，一般可分为____________、____________。

(2) 雾灯有____________和____________两种。

(3) 示宽灯(前小灯)安装于汽车前后两侧边缘，颜色为白色，用于标示___________________。

2. 写出仪表板各指示灯的功能

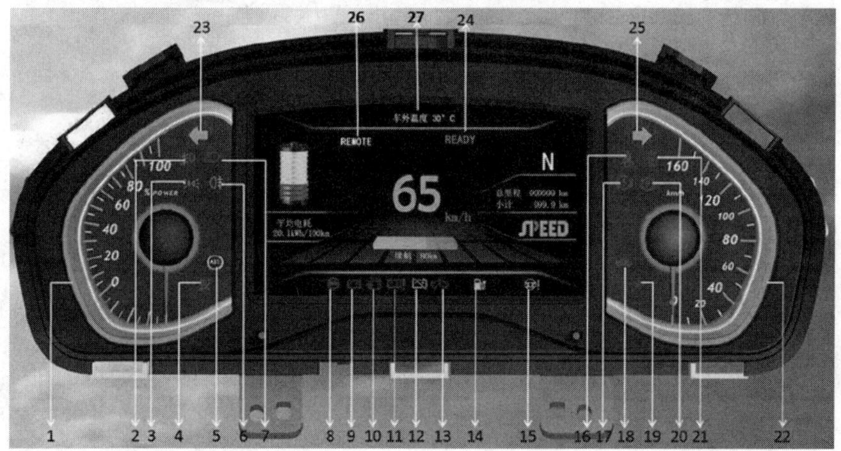


3. 判断题

(1) 制动灯安装于汽车后面，踩下制动踏板时，便发出较强的红光，向后车及行人发出制动或减速的警示信号。(　　)

(2) 制动系统警告灯亮起，提示制动系统存在故障。(　　)

(3) 安全带指示灯亮起，提示主驾驶安全带未系。(　　)

4. 问答题

请完成汽车灯光检查手势练习。

# 任务二　新能源汽车风窗玻璃清洗系统维护

【学习目标】

(1) 了解风窗玻璃清洗系统的构造和功用；
(2) 知道玻璃水的作用及车辆对其防冻温度的要求；
(3) 掌握风窗玻璃清洗系统的基本检查和维护方法；
(4) 掌握玻璃水冰点测试仪的使用方法。

【任务载体】

对某品牌电动汽车风窗玻璃清洗系统进行维护。

【相关知识】

## 一、刮水器的作用

刮水器是用来清除挡风玻璃上的雨水、雪或尘土，以保证驾驶人前后视野清晰的辅助装置。目前，刮水器上应用的刮水电动机主要是永磁式直流电动机，其中定子是由锶钙铁氧体(或其他永磁材料)制成的。永磁式直流电动机的特点是结构简单、机械特性较硬、比功率大、耗电低。

(1) 橡胶雨刮条保持充足的湿润度是刮水器能发挥良好作用的关键。湿润度充足，雨刮条的韧性良好，才能保持和车窗玻璃接触的紧密性。

(2) 刮水器是用来清除挡风玻璃上的雨水、雪或尘土的，不是用来刮冰的。所以，正确使用雨刮器才能够延长雨刮条及刮水器的使用寿命，更能有效地保持良好的视线，保证行车安全。

(3) 刮水器是干的，如果车辆行驶前用刮水器把附着在前挡风玻璃上的尘土刮干净，不仅效果不好，还容易损坏雨刮条和刮水器。正确的方法是：每天早晨驾驶车辆前，先用湿布擦拭前挡风玻璃，然后喷玻璃水再刮一次。玻璃水带有挥发性，能让前挡风玻璃很快干燥，从而避免潮湿的玻璃吸灰起泥。

(4) 晚上车辆停好后，尤其是从雨中回来，要及时清理挡风玻璃上的水渍和吸附的灰尘，尽量避免第二天早晨使用刮水器直接刮擦挡风玻璃，否则不仅不能刮干净，还会损伤雨刮条。

(5) 驾驶途中下小雨点时，挡风玻璃上水分不足，应避免雨刮条干刮，不要急于开启刮水器，否则不仅刮不干净，而且刮花的泥渍还很难再刮干净。如果雨点下落得慢，不影响视线，最好是等挡风玻璃上水分积累足够时再开刮水器。

(6) 刮水器最好使用第二挡反复刮水。小雨时使用间歇模式刮水时，如果其他车辆溅起泥水落到挡风玻璃上，间歇模式很容易把挡风玻璃刮出泥渍，严重影响视线。

## 二、刮水器的结构

刮水器主要由雨刮片、雨刮电机、联动机构和控制开关组成，具体结构如图 5-2-1 所示。

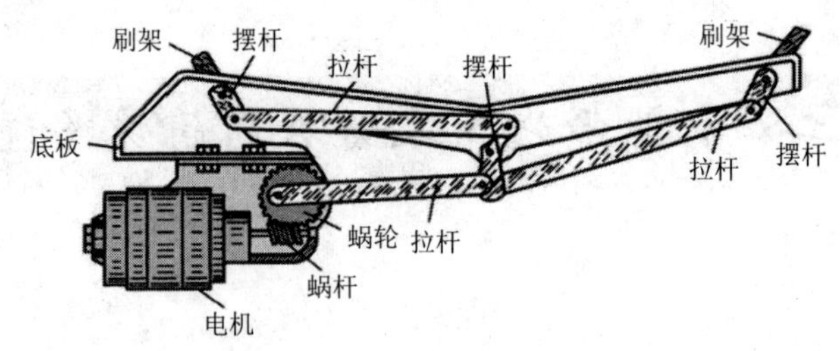


图 5-2-1 刮水器结构

### 1. 雨刮片

最终完成刮水作用的橡胶片称为雨刮片。雨刮片靠骨架支撑，铰接在弹性刮水臂上，使雨刮片紧紧贴在挡风玻璃上。使用雨刮器时，雨刮电机会通过联动机构带动刮水臂左右摆动，雨刮片就会清扫挡风玻璃上的雨水。

### 2. 雨刮电机

雨刮电机驱动雨刮器左右摆动，是一个直流变速电机。该电机内有快慢两个线圈，可经蜗轮减速器减速，并改变输出方向。

### 3. 联动机构

联动机构的作用是把雨刮电机输出的旋转运动传递给刮水臂，转化为摆动运动，并控制雨刮片的摆动范围。

### 4. 控制开关

雨刮器的控制开关是组合开关，装在方向盘右侧的操作杆上，用以控制雨刮片的工作模式和摆动速度。

## 三、喷水器的功能和结构

刮水器配合挡风玻璃喷水器喷射玻璃水，共同除去灰尘或泥渍。挡风玻璃喷水器系统由玻璃水储液罐、喷水器电机、软管、喷水器喷嘴和玻璃水组成，如图 5-2-2 所示。

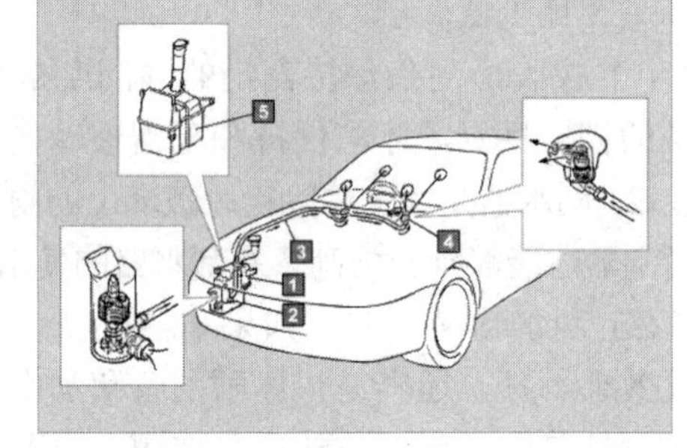


1—玻璃水储液罐；2—喷水器电机；3—软管；4—喷水器喷嘴；5—玻璃水

图 5-2-2 挡风玻璃喷水器系统组成

## 四、无骨刮水器

目前市场上越来越多的车辆安装了无骨刮水器，无骨刮水器是靠一整根贴合玻璃弧度的钢片压条来提供压力的。它采用一根整体的雨刮条，与挡风玻璃贴合紧密，受力均匀，刷得干净。车辆挡风玻璃通常带有一定弧度，这样两者很好地贴合，不会出现一些传统刮水器存在的某部分挡风玻璃刮不干净而其他部分又长期受力过重的情况。由于雨刮条与挡风玻璃紧密贴合，传统刮水器常遇见的雨刮条间夹杂沙砾的情况在无骨刮水器上很少出现，这不但保护挡风玻璃，而且对于雨刮条也是一种很好的保护。

与传统刮水器相比，无骨刮水器几乎没有噪音，而且传统雨刮条的力量是通过层层压条传递的，雨刮条上存在多个受力点，受力不均衡。除此之外，无骨刮水器还具有结构简单，总体重量轻，电机、摇臂承受的阻力小等优点。

无骨刮水器使用寿命比传统刮水器长，一般情况下，传统刮水器使用寿命为一到两年，而无骨刮水器的使用寿命是传统刮水器的两到三倍。

## 五、刮水器维护与保养

(1) 在制造雨刮条的过程中，为了防止老化，在雨刮条表面涂了蜡质，而蜡质会增加雨刮条与挡风玻璃之间的摩擦阻力，影响刮水效果。因此，在首次使用刮水器前，为了除去其表面的蜡质，需要用蘸有少许玻璃水的软布反复擦拭雨刮条。

(2) 空气中存在漂浮的灰尘，以及车辆尾气中的固体颗粒物等，这些细小颗粒均会附着在雨刮条和挡风玻璃上，增加刮水时的摩擦力，也会降低雨刮条的弹性，影响其使用寿命。因此，雨刮条和刮水器的维护不是一劳永逸的。

(3) 如果前挡风玻璃上存在积雪、结冰、泥渍、鸟粪等脏物时，不要立刻使用刮水器清除，需要先用清水将其去除或软化，否则会使雨刮条和挡风玻璃受损。

(4) 冬季或寒冷的早晨使用刮水器前，应先检查雨刮条是否结冰粘在挡风玻璃上，如已黏结，可以先开启空调除霜除雾功能，将雨刮条与挡风玻璃间的结冰融化，然后再使用刮水器。此外，冰雪天气时刮水器的楔型槽中易出现冰粒使雨刮条变硬，使用时也要特别注意。

(5) 如果挡风玻璃或雨刮条上有蜡质或其他杂质，喷洒玻璃水后，用刮水器擦拭挡风玻璃会出现擦不干净或刮水器抖动的现象。处理办法是，首先用蘸有玻璃水的软布擦拭挡风玻璃，然后用水清洗，如果玻璃上不会有水珠形成，则表示挡风玻璃已干净；然后，使用蘸有玻璃水的软布反复擦拭雨刮条，去除其表面蜡质，然后用水冲洗。以上操作完成后，用刮水器喷洒玻璃水并刮拭挡风玻璃，如仍不干净，则需更换雨刮条。

(6) 刮水器电机多是永磁直流电机，该电机多采用陶瓷材料作为磁极，所以在拆卸电机时，避免电机落地，以免损坏磁极。同时，刮水器采用的是封闭式电机，不可随意拆卸，只有在必要时才可进行电机内部清洗、加注润滑油、更换或补充减速箱内润滑脂等拆解保养作业。拆解保养后，由于电机内部有永磁体，所以装配时避免有金属碎屑吸入。装配时，各部件装配间隙合理，减小转动摩擦阻力。若拨动开关，刮水器出现嗡嗡的声音却不转动，说明转动部分生锈或卡住，应及时断电并处理，以防电机烧毁。

## 六、玻璃水冰点检测

玻璃水的冰点指玻璃水的结冰温度。玻璃水冰点的高低将直接影响冬季玻璃水的使用性能。玻璃水的冰点用冰点测试仪检测。使用冰点测试仪时，首先用柔软的绒布将盖板及棱镜表面擦拭干净，用吸管将待测玻璃水滴于棱镜表面，合上盖板轻轻按压，将冰点测试仪对向明亮处，旋转目镜使视场内刻度线清晰，读出明暗分界线在标示板上相应标尺上的数值即可，如图 5-2-3 所示。

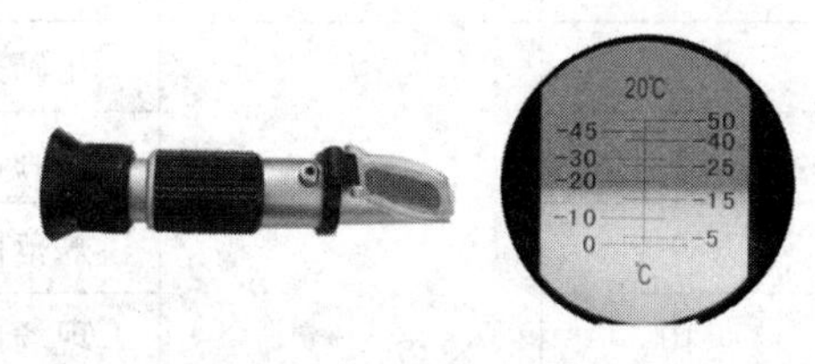


图 5-2-3　冰点检测

注意：

(1) 避免使用纯净水和洗洁精勾兑而成的玻璃水，长时间使用这种玻璃水，玻璃水储液罐中会有沉淀物形成，有可能堵塞玻璃水喷水口。洗洁精多为碱性，会腐蚀雨刮片及橡胶管路，严重时会损坏喷水器电机。腐蚀后的雨刮片会变硬，容易刮花挡风玻璃，阻碍驾驶员视线，影响行车安全。

(2) 避免使用自来水做玻璃水，自来水中杂质较多，而且在寒冷天气时不但不能起到清洁作用，还有可能在玻璃水储液罐中结冰，导致管路冻裂。如遇紧急情况，可以暂时用纯净水代替，短暂使用后应及时更换专用玻璃水。

## 【任务准备】

(1) 安全、整洁的汽车维修车间或模拟汽车维修车间；
(2) 齐全的消防设施、个人防护用具、清洁用品等；
(3) 实训用整车及相关防护用品；
(4) 汽车举升机、常用工具。

## 【任务实施】

(1) 完成纯电动汽车维修作业前检查及车辆防护，并记录相关信息。
(2) 检查风窗清洗液液位。
(3) 检查风窗清洗液浓度。
(4) 检查刮水器。

## 【任务评价】

任务技能评分记录表

| 序号 | 项　目 | 评 分 标 准 | 得　分 |
|---|---|---|---|
| 1 | 接收工作任务 | 明确工作任务 | |
| 2 | 咨询 | 知道三件套等防护设备使用规范 | |
| 3 | | 了解风窗清洗系统的组成和功能 | |
| 4 | | 掌握维护保养三件套使用方法 | |
| 5 | 计划 | 能协同小组分工 | |
| 6 | | 实施前准备好设备 | |
| 7 | 实施 | 正确完成三件套放置 | |
| 8 | | 正确使用冰点检测仪等 | |
| 9 | | 规范检测刮水器 | |
| 10 | | 现场恢复整理 | |
| 11 | 检查 | 操作过程规范 | |
| 总　分 | | | |

## 【学习工作页】

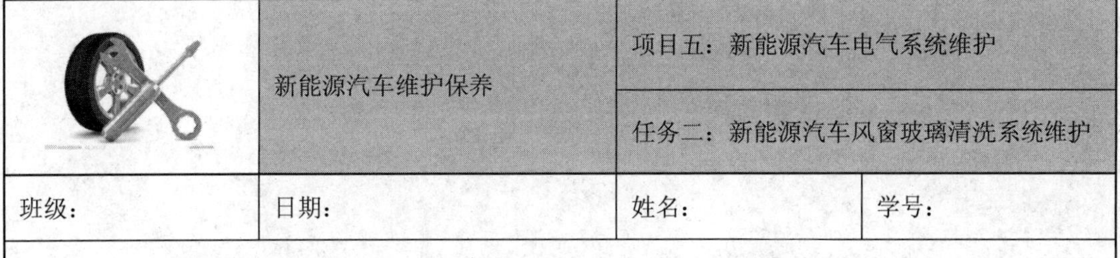

| | 新能源汽车维护保养 | 项目五：新能源汽车电气系统维护 | |
|---|---|---|---|
| | | 任务二：新能源汽车风窗玻璃清洗系统维护 | |
| 班级： | 日期： | 姓名： | 学号： |

任务描述：掌握新能源汽车风窗玻璃清洗系统维护方法

1. 填空题

(1) 刮水器的作用是清除风窗玻璃上的__________、__________，以保证驾驶人前后视野清晰的__________。

(2) 目前，应用于汽车上的刮水电动机基本上都是__________电动机。

(3) 刮水器能发挥良好作用的关键是橡胶雨刮条能保持充足的__________。

2. 填写刮水器各部分的名称

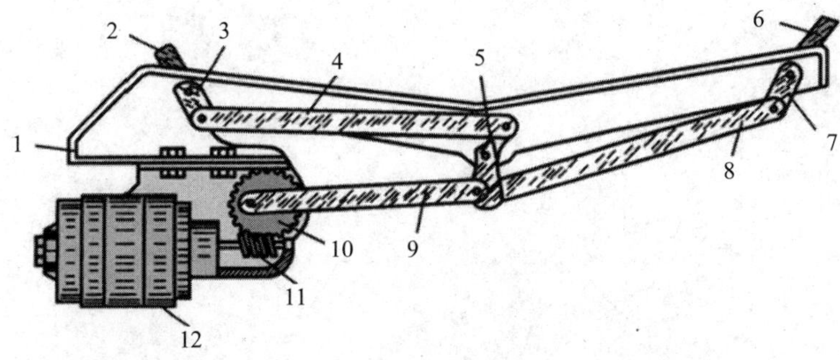


3. 问答题

(1) 刮水器的保养要点有哪些？

(2) 刮水器的使用注意事项有哪些？

# 任务三　新能源汽车空调系统维护

【学习目标】

(1) 掌握新能源汽车空调系统的作用和结构组成；
(2) 了解新能源汽车空调系统的工作原理；
(3) 掌握空调的使用方法；
(4) 掌握空调系统的基本检查和维护方法。

【任务载体】

对某品牌电动汽车空调系统进行维护。

【相关知识】

## 一、空调系统的作用

所谓空调系统，就是使车内环境保持舒适温度和湿度的装置总称，如图 5-3-1 所示。空调系统的功能主要表现为以下几方面：

(1) 空调系统能控制车厢内的温度，既能降低温度并保持，又能升高温度并保持；
(2) 空调系统能够调节车厢内的空气湿度，营造舒适环境；
(3) 空调系统具有外循环模式，可以实现通风功能；
(4) 空调系统具有空气滤清器，可以过滤空气中的灰尘和花粉；
(5) 空调系统还有除霜除雾的功能，可以保证驾驶视线良好。

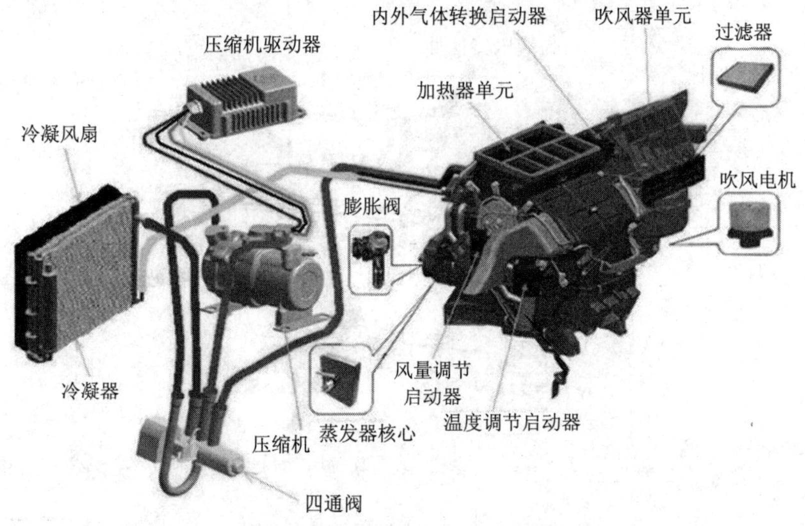


图 5-3-1　新能源汽车空调系统

## 二、空调系统的组成及各部件作用

混合动力汽车的空调系统与传统燃油汽车的结构类似，主要由制冷系统、供暖系统、通风和空气净化系统组成。纯电动汽车由于没有发动机，空调压缩机的动力源是动力电池，同时暖风系统也没有发动机的余热可以利用，所以纯电动汽车的空调系统与传统燃油汽车的差别较大。

纯电动汽车空调系统主要由电动空调压缩机、冷凝器、制冷剂管道、加热装置、送风电机、空调空气滤清器、膨胀阀、蒸发器和控制面板等组成，如图 5-3-2 所示。从空调压缩机出来的空调管路为高压管路，空调压缩机前的管路为低压管路。

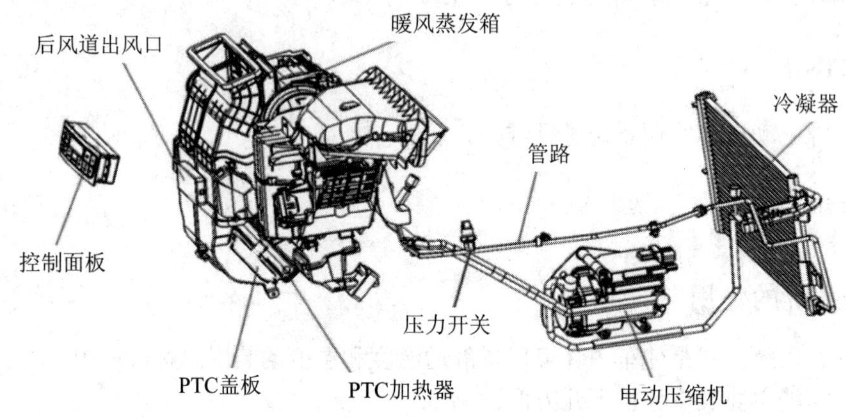


图 5-3-2　纯电动汽车空调系统

### 1. 电动空调压缩机

电动空调压缩机的作用是把低温、低压气态的制冷剂压缩成高温、高压液态制冷剂。电动空调压缩机的主要结构如图 5-3-3 所示。

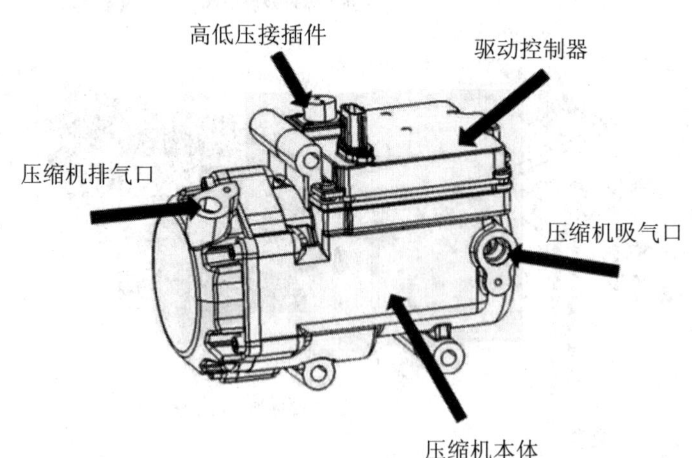


图 5-3-3　电动空调压缩机的结构

电动空调压缩机包含一对螺旋线缠绕的静盘和动盘、油挡板、无刷电动机和电动机轴。

电动空调压缩机工作时，动盘由无刷电动机带动旋转，通过动、静盘的相互旋转配合，压缩处在动静盘间的制冷剂，完成吸气、压缩、排气的过程，如图 5-3-4 所示。

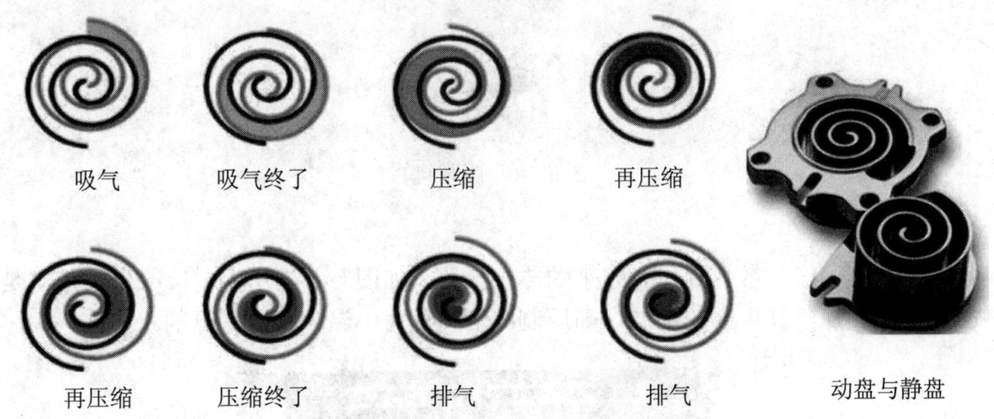


图 5-3-4　电动空调压缩机的工作过程

### 2. 蒸发器

蒸发器是一种由散热片与管路组合起来的热交换器，如图 5-3-5 所示。蒸发器的作用是：膨胀阀出来的低压制冷剂经蒸发器蒸发，吸收流进车内空气的热量，从而达到降低车内温度的目的。

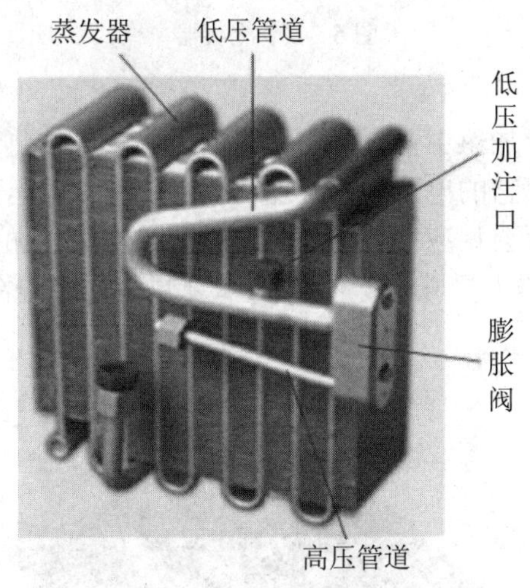


图 5-3-5　蒸发器

### 3. 膨胀阀

膨胀阀是一个由温控包控制的可变截面小孔，安装在蒸发器入口处，如图 5-3-6 所示。

膨胀阀的作用是把从冷凝器流出的高压制冷剂节流雾化，这样有利于制冷剂在蒸发器中进一步蒸发吸热。为满足制冷循环的需要，膨胀阀根据压缩机转速的变化和制冷负荷的改变，自动调节制冷剂进入蒸发器的流量。

图 5-3-6 膨胀阀

### 4. 冷凝器

冷凝器是由管子与散热片组合起来的热交换器，如图 5-3-7 所示。冷凝器的作用是经过散热器风扇把流经其内部的高温、高压制冷剂转变为中温、高压制冷剂。

图 5-3-7 冷凝器

### 5. 加热装置

目前，纯电动汽车空调加热主要采用电加热的方式。电加热装置是采用热敏电阻元件为发热源的一种加热装置，它的电阻随温度变化而急剧变化，当外界温度降低，热敏电阻阻值随之减小，发热量反而会相应增加。加热装置分为电热丝加热器和陶瓷式加热器。加热装置具有干净整洁、发热无异味、无明显功率衰减、使用寿命长、热效率高等优点，如图 5-3-8 所示。

图 5-3-8 加热装置

## 三、纯电动汽车空调系统的工作原理

### 1. 纯电动汽车空调制冷原理

纯电动汽车空调制冷系统和传统燃油汽车空调比较，不同点只是压缩机由发动机驱动变成了动力电池驱动，其制冷原理基本一致。

纯电动汽车空调制冷原理：开启空调制冷功能后，整车控制器向压缩机控制器发出指令，通过压缩机控制器来驱动电动压缩机工作，电动压缩机驱使制冷剂在密封的空调系统中循环；压缩机将制冷剂压缩成高温高压的制冷剂气体，高温高压的制冷剂气体经高压管路流入冷凝器，在冷凝器风扇的作用下散热、降温，冷凝成中温高压的液态制冷剂；中温高压液态制冷剂经高压管路进入储液干燥器内，经过干燥、过滤后流经膨胀阀，在节流作用下变成低温低压的液态制冷剂进入蒸发器，在蒸发器内蒸发吸热，吸收车内空气的热量，使空气温度降低，吹出冷风，产生制冷效果。

### 2. 纯电动汽车空调制热原理

纯电动汽车空调制热原理：打开热风旋钮，动力电池开始向装在蒸发器箱的加热装置供电，送风风扇把车厢内的冷空气吸入蒸发器，加热装置加热进入蒸发器的空气，受热升温后的空气被送风风扇送至空调出风口，产生制热效果。

## 四、空调系统维护保养的工具

空调系统维护保养专用工具见表 5-3-1。

**表 5-3-1　空调系统维护保养工具**

| 序号 | 名　称 | 图　片 | 备　　注 |
| --- | --- | --- | --- |
| 1 | 组合压力表 |  |  |
| 2 | 制冷剂检漏仪 |  |  |

续表

| 序号 | 名　称 | 图　片 | 备　注 |
|---|---|---|---|
| 3 | 制冷剂鉴别仪 |  | 主要用来检验制冷剂的类型、纯度、非凝性气体以及其他杂质，能鉴别 R134a、R12、R22、HC、AIR5 种成分的纯度，鉴别结果以百分比显示，精度为 0.1% |
| 4 | 制冷剂回收、再生、充注机 |  | 利用它可以进行制冷剂回收、净化、抽真空和加注，能进行冷冻机油的回收、加注，还能进行空调系统检漏等作业 |
| 5 | 空调诊断仪 | 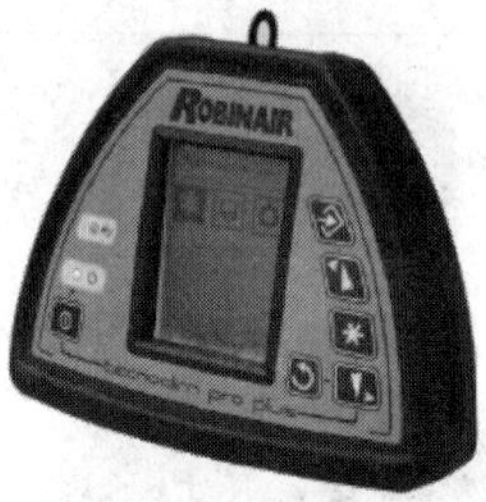 | 测量高压、低压、管路温度及相关数据 |
| 6 | 注入阀与制冷剂罐 | 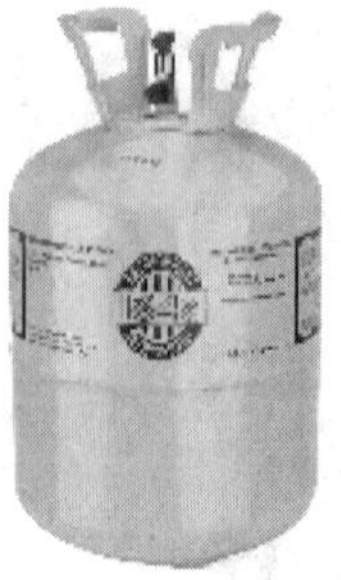 | 注入阀是打开小容量制冷剂罐的专用工具，利用蝶形手柄前部的针阀刺破制冷剂罐，通过注入阀接头把制冷剂引入歧管压力表组件。 |

## 五、空调系统的使用

某新能源汽车空调控制面板如图 5-3-9 所示，对应的具体功能见表 5-3-2。

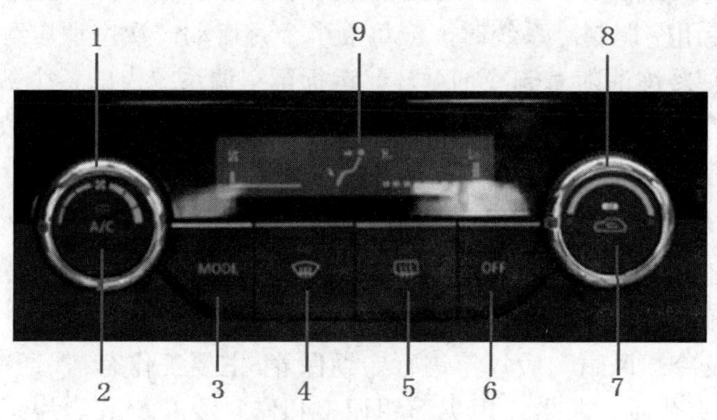


图 5-3-9　空调控制面板

**表 5-3-2　控制面板的具体功能**

| 编号 | 名　称 | 功　能 |
|---|---|---|
| 1 | 风速调节 | 右旋加大风量，左旋减小风量；<br>调节空调风扇速度，改变制冷速度和强度 |
| 2 | A/C 开关 | 压缩机控制指令开关，点亮启动后压缩机开始制冷 |
| 3 | 模式调节 | 改变空调出风口风向 |
| 4 | 前除霜开关 | 前窗除霜开关，开启后出风口向前风挡吹风 |
| 5 | 后除霜开关 | 后窗除霜开关，开启后后风挡电热丝加热 |
| 6 | 空调关闭开关 | 关闭空调系统 |
| 7 | 循环模式开关 | 点亮室内循环，熄灭室外循环 |
| 8 | 温度控制 | 右旋提高温度，左旋降低温度 |
| 9 | 液晶显示屏 | 显示空调工作模式 |

新能源汽车空调系统使用的注意事项：

(1) 空调压缩机应避免长期不用，经常使用制冷效果才会好；为保证制冷效果，空调在运转时，应关好车门和车窗；长时间开空调时，应间隔一段时间开启外循环，以改善车内空气质量。

(2) 动力电池剩余电量较低时，应减少使用空调的时间，以保证车辆行驶里程。

(3) 使用空调时，温度设置不要过低或过高。

(4) 车辆停驶前 2 分钟，关闭空调压缩机开关，利用自然风把管道内湿润的空气吹干。

## 六、空调系统的维护保养

### 1. 汽车空调系统的日常保养

(1) 定期清洁冷凝器。

(2) 为保持车内空气清洁，需要定期清洁空调系统的空气滤清器滤芯。

(3) 定期检查空调系统高、低压管道接头和连接螺栓、螺钉是否松动，是否与周围零部件相互摩擦，橡胶管路是否老化，进出叶子板处的隔震胶垫是否脱落或损坏。

(4) 长期不使用空调制冷系统时，应每隔半个月启动一次空调压缩机，每次十分钟左右，这样可以使冷冻油随着制冷剂循环，运行至空调系统内的各个部位，对系统管路中各密封胶圈、空调压缩机轴封部件进行润滑，避免润滑不到位而导致密封不良和制冷剂泄露。

**2. 汽车空调系统部件的定期保养**

(1) 空调压缩机一般每隔三年进行定期保养，主要检查进、排气压力是否正常，各紧固件是否松动，轴封处是否漏气等。

(2) 冷凝器及冷却风扇一般每年进行定期保养，主要工作有：保证冷凝器表面清洁，无异常情况，去除杂质、灰尘；用尖嘴钳调整和修复冷凝器散热片；用制冷剂检漏仪检查制冷剂是否泄露；目测冷凝器表面防锈涂料是否脱落，若有脱落应重新涂刷，以防锈穿泄漏制冷剂；检查冷凝器冷却风扇是否运转正常，风扇电动机的电刷磨损是否严重。

(3) 储液干燥器一般每隔三年左右更换一次。如果在使用过程中因操作不当使水分进入空调管路以及拆开空调管路进行检修后，应及时更换储液干燥器。

(4) 膨胀阀一般间隔一到两年检查一次，测试其动作是否正常，开度大小是否合适，进口滤网是否畅通。

(5) 蒸发器一般每隔两到三年进行定期保养，保养时将蒸发器打开，清洁蒸发器内部及送风通道内的杂质，同时每年用制冷剂检漏仪进行检漏。

(6) 如经常使用空调，空调系统空气滤清器滤芯要定期清洁，每年更换一次。

(7) 应每年检查一次空调系统管路，并使用制冷剂检漏仪检查管路是否密封；检查相关管路是否老化、裂纹，如果有则需及时更换。

**3. 空调系统目测检查**

(1) 检查空调出风口的出风量是否充足，如果出风量不足，检查空气滤清器滤芯是否有杂物并清除。

(2) 将空调风量开关分别开至各个档位，观察鼓风机是否有异响，检查鼓风机运转是否正常。

(3) 检查空调高、低压管路和各部件的连接处是否有油渍泄漏，如果有则需及时处理。

(4) 检查冷凝器散热片上是否有杂物，如果有则需及时清除。

(5) 使用空调的过程中，如发现有异常情况，应首先打开机舱盖，断开低压蓄电池负极，等待几分钟，确保高压系统完全断电后再做以上检查。

**4. 制冷剂数量检查**

制冷剂数量检查的具体方法是，关闭空调压力检测的组合压力表高、低压开关，选择合适的快速接头连接高低压软管，分别把软管另一端和车辆上对应的空调管道高低压加注阀相连，启动空调压缩机，空调制冷功能运转后，观察组合压力表的压力值，如图 5-3-10

所示。空调系统运转正常，空调制冷剂数量正常时，低压管路压力应为 0.15～0.25 MPa，高压管路压力应为 1.35～1.55 MPa。

图 5-3-10 制冷剂数量检查

**5. 制冷剂检漏**

利用制冷剂检漏仪检查制冷剂是否泄漏，具体方法是打开检漏仪开关，调整灵敏度，用探头接近空调管道及各部件的连接处，如果点亮的 LED 灯增多，警报器声音频率增高，则说明有泄漏。

**6. 制冷功能检查**

(1) 测试时的环境温度应大于 20℃。

(2) 将车门全开，开启空调压缩机开关，出风方向选择为面部，循环模式选择内循环，风速选择最大。

(3) 空调选择最低温度，待运转 5～6 分钟后，使用空调诊断仪套件中的温度传感器测量出风口温度。

**7. 制热功能检查**

(1) 关闭车辆门窗，循环模式选择内循环，风速选择最大。

(2) 打开空调暖风，温度选为最高，使用空调诊断仪套件中的温度传感器测量出风口温度是否明显上升。

(3) 空调运转 5～6 分钟后，检查空气是否有焦煳味。

**8. 空调空气滤清器的清洁与更换**

空调空气滤清器滤芯一般放置在发动机舱、驾驶舱或副驾驶舱位置，如图 5-3-11 所示。

图 5-3-11 空气滤清器的位置

车辆行驶间隔一年或达到 1.5 万公里，空气滤清器即需要更换。如果车辆经常行驶在恶劣空气环境中，空调空气滤清器滤芯更换周期应不超过 1 万公里。

打开滤清器盖板，取出空调滤芯，观察滤芯上灰尘是否较多，如果灰尘较多，轻轻拍打滤芯端面，并用压缩空气由里向外将滤芯上的灰尘吹走(如图 5-3-12 所示)，如灰尘过多则需更换。

图 5-3-12 清洁空气滤清器

将照明灯点亮，放入清洁后的滤芯，从外部观察滤芯有无损伤、穿孔或变薄的部分，如有破损，则需更换滤芯。

滤芯清洁完毕或者滤芯更换完毕后，按照与滤芯拆卸相反的顺序，将各部件安装好。

注意：滤芯必须安装可靠，不宜用手或器具接触滤芯的纸质部分，尤其不能让油类污染滤芯。

## 七、空调制冷剂的回收、净化、充注

### 1. 制冷剂充注的环境要求

(1) 充注场地通风良好；

(2) 充注场地禁止吸烟和使用明火；

(3) 充注作业时，维修人员应穿戴防护手套、护目镜等必要安全防护设施，避免接触或吸入制冷剂和冷冻油的蒸气。

### 2. 制冷剂充注流程

汽车空调制冷剂充注作业流程包括以下七个步骤，具体方法见表 5-3-3。

(1) 作业准备；

(2) 管路检漏；

(3) 回收制冷剂；

(4) 抽真空；

(5) 补充冷冻油；

(6) 加注制冷剂；

(7) 竣工检验。

表 5-3-3　制冷剂充注流程

| 操作步骤 | 操作内容 | 操作图 | 备　注 |
| --- | --- | --- | --- |
| 1 | 设备连接 | | 将设备的红色软管与系统高压端相连，蓝色软管与系统低压端相连，不能接错 |
| 2 | 打开电源开关 |  | |
| 3 | 按“数据库”键 |  | 查找车型 |
| 4 | 查找加注量 | 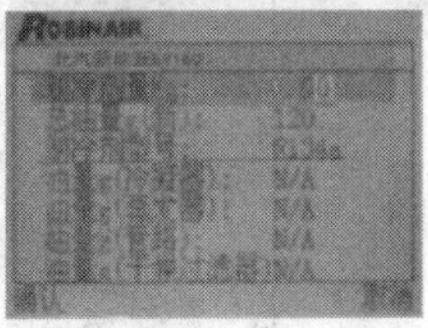 | 根据车型查找 |
| 5 | 检查工作罐中制冷剂的量 | 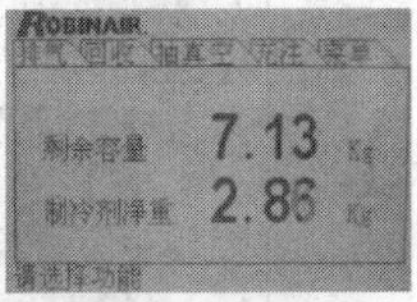 | 净重不足 3 kg 时，应添加 |
| 6 | 按“回收”键 | 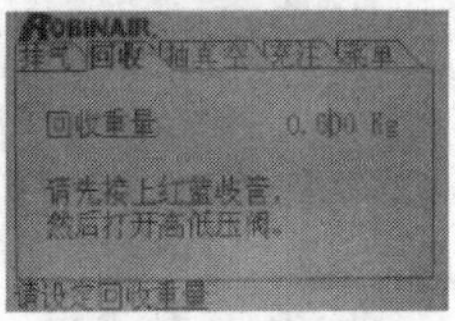 | 设置回收量 |
| 7 | 打开仪器上的高、低压阀，进行双管回收 |  | |
| 8 | 进行回收 | 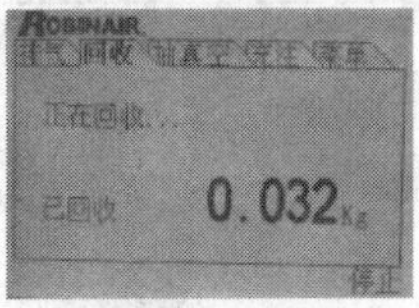 | |
| 9 | 排油 |  | |

**续表一**

| 操作步骤 | 操作内容 | 操作图 | 备　　注 |
| --- | --- | --- | --- |
| 10 | 抽真空 |  | |
| 11 | 注油 | 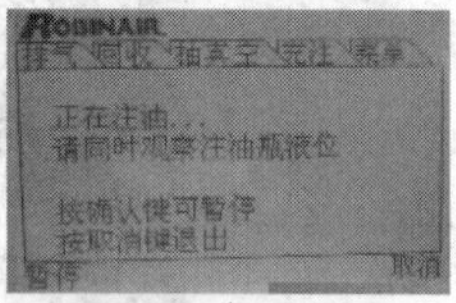 | 加注冷冻油 |
| 12 | 按“充注”键 |  | 单管充注 |
| 13 | 进入充注界面，选择充注量 | 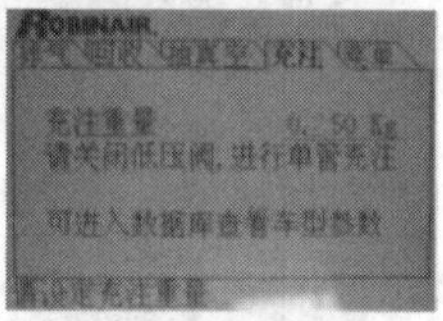 | 加注量应根据实际需要选择，可选择少量多次添加 |
| 14 | 根据提示“关闭低压阀，打开高压阀” | 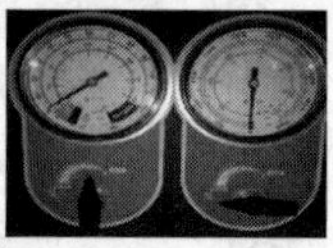 | |
| 15 | 按“确认”键充注 |  | |
| 16 | 充注完毕，关闭高压阀 |  | |
| 17 | 按“确认”键，清洗管路 |  | |
| 18 | 按“确认”键退出管路清理，并关闭控制面板上的高、低压阀门 | 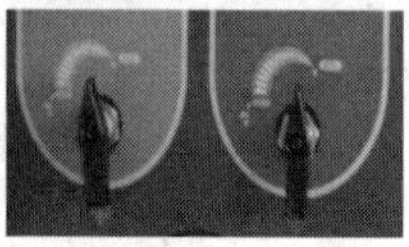 | |

续表二

| 操作步骤 | 操作内容 | 操作图 | 备　注 |
|---|---|---|---|
| 19 | 从车上取下高、低压软管 | | |
| 20 | 打开空调 | | 打开车门、车窗、所有空调出风口，风量调至最大 |
| 21 | 查找泄漏 | | |
| 22 | 压力测试 | | |
| 23 | 出风口温度检测 | | 空调运转 5～6 分钟，出风口温度明显低于环境温度 |
| 24 | 取下空调压力表组，完成制冷剂添加 | | |

注意：

(1) 触碰和检修电动空调压缩机时，注意高压防护，应拆下蓄电池负极电缆并等待 3～5 分钟。

(2) 排放制冷剂时，应远离人员密集的场所，并保持场地通风良好，以免发生窒息。工作场地不要吸烟或使用明火，以免爆炸或产生有害气体。

(3) 在拆开空调系统时，必须穿戴防护手套及护目镜，以免制冷剂冻伤皮肤或进入眼睛。一旦制冷剂溅到皮肤上，应立即用大量冷水冲洗。

(4) 打开空调管路后，为防止水分或杂质进入系统，应及时加盖或密封。

(5) 制冷系统部件更换后，要先补充冷冻油，然后再充注制冷剂。不同品牌的冷冻油、制冷剂不能混用。制冷机多采用 R134a 制冷剂。

(6) 拧紧或拧松高、低压管路螺纹接头时，必须同时使用两把扳手；连接安装各管路接口时，注意清洁管口，在 O 形圈上涂抹冷冻油。

## 【任务准备】

(1) 安全、整洁的汽车维修车间或模拟汽车维修车间；

(2) 齐全的消防设施、个人防护用具、清洁用品等；

(3) 实训用整车及相关防护用品、制冷剂加注仪、空调诊断仪、制冷剂检漏仪等；

(4) 汽车举升机、常用工具、检测仪器。

## 【任务实施】

1. 空调系统功能检查。

(1) 进入车内，打开空调开关，将温度控制旋钮调整到冷风量最大。

(2) 切换空调出风模式，至“吹脚”，检查驾驶员位置脚底出风口是否有凉风以及出风量是否足够。

(3) 切换出风模式到“车窗除雾或除湿”，检查风窗玻璃处出风口是否有凉风以及出风量是否足够。

(4) 切换出风模式到“吹面”，检查中控板上方及两侧车门附近的出风口是否有凉风以及出风量是否足够。

(5) 调节温度控制旋钮至暖风，并切换空风模式至“吹脚”，检查驾驶员位置脚底出风口是否有暖风。

(6) 切换出风模式到“车窗除霜”状态，检查风窗玻璃处出风口是否有足够的暖风。

(7) 用手在出风口轻微扇动，闻一下吹出的风是否有焦煳味，如果有则需进一步检查PTC 加热器。

2. 检查空调压缩机及线束接插件状态。

3. 检查空调滤芯。

4. 练习加注制冷剂。

## 【任务评价】

**任务技能评分记录表**

| 序号 | 项　目 | 评 分 标 准 | 得　分 |
|---|---|---|---|
| 1 | 接收工作任务 | 明确工作任务 | |
| 2 | 咨询 | 知道三件套等防护设备使用规范 | |
| 3 | | 了解空调系统的组成和功能 | |
| 4 | | 掌握制冷剂加注仪和检漏仪的使用方法 | |
| 5 | 计划 | 能协同小组分工 | |
| 6 | | 实施前准备好设备 | |
| 7 | 实施 | 正确完成三件套放置 | |
| 8 | | 正确使用制冷剂加注仪和检漏仪 | |
| 9 | | 规范进行空调系统维护保养 | |
| 10 | | 现场恢复整理 | |
| 11 | 检查 | 操作过程规范 | |
| 总　分 | | | |

## 【学习工作页】

| | 新能源汽车维护保养 | 项目五：新能源汽车电器系统维护 | |
|---|---|---|---|
| | | 任务三：新能源汽车空调系统维护 | |
| 班级： | 日期： | 姓名： | 学号： |

任务描述：掌握新能源汽车空调系统维护方法

1. 填空题

(1) 汽车空调系统是实现对车厢内空气进行________、________、________、________、和________的装置。

(2) 传统燃油汽车空调系统由________、________、________组成。

(3) 纯电动汽车空调系统主要由________、________、________、________、________、________、________、________、________等部件组成。

(4) 实现制冷的主要部件有________、________、________、________、________、________、________等。

(5) 在春秋或冬季不使用冷气时，应每________月启动空调压缩机一次，每次运转________min。

2. 回答题

(1) 电动压缩机的工作过程是什么？

(2) 制冷剂加注的注意事项有哪些？

(3) 纯电动汽车与传统燃油车空调系统的区别是什么？

# 附录 1 《新能源汽车维护技术标准(试行)》

## 前　言

新能源汽车(含智能网联汽车)源于传统又超越传统。新能源汽车的众多功能越来越被国人所关注，尤其维修安全更是人们关注的焦点。

随着大量新能源汽车投入市场，对传统维修企业提出新的挑战。目前，行业管理部门对新能源汽车维修企业没有另行规定准入条件。因此，在维修技术、设施设备、维修场地、管理制度等方面还不适应维修新能源汽车的要求，在维修过程中存在大量的安全隐患。

为规范新能源汽车维修企业的经营行为，杜绝由于维修技术不掌握，操作不规范给人民生命和财产造成的危害，上海市汽车维修行业协会于 2018 年 3 月份成立了“新能源汽车维修专业委员”，同时聘请了新能源汽车维修专家。

新能源汽车维修专业委员会根据协会要求，在组织有关专家对新能源汽修企业调研的基础上，制定了《新能源汽车维护技术标准(征求意见稿)》。

通过各单位讨论和研究，及时发现《新能源汽车维护技术标准(征求意见稿)》存在的不足，从而有针对性地进行补充和完善，使其更符合实际，为确保新能源汽车维修质量奠定基础。

## 新能源汽车维修范围及其规范术语

### 1. 范围

本市从事新能源汽车维修的各类修理厂(品牌 4S 店)以及新能源汽车相关的培训院校、教学机构。

《新能源汽车维护技术标准(试行)》，规定了新能源汽车日常保养、一级保养、二级保养的周期、作业内容和技术要求。

《新能源汽车维护技术标准(试行)》，适用于纯电动汽车，混合动力汽车的电动部分也可参照执行。

### 2. 规范性引用文件

GB/T 4094.2—2005 电动汽车操纵件指示器及信号装置的标志。

GB/T 5624 汽车维修术语。

GB/T 18344—2001 汽车维护、检测、诊断技术规范。

GB/T 18384.3 电动汽车安全要求第 3 部分：人员触电防护。

GB/T 19596 电动汽车术语。

使用本标准请注意上述文件的时效性，如与最新的国标有差异，以最新的标准为准。

## 新能源汽车维护技术标准(试行)

### 1. 维护分类

电动汽车保养周期根据营运及非营运电动汽车的使用频率进行区分，具体如附表 1 所示。

附表 1 电动汽车保养周期

<table>
<tr><th>序号</th><th>维修类别</th><th>营运电动汽车</th><th>非营运电动汽车</th><th>技师技能要求</th></tr>
<tr><td>1</td><td>日常维护</td><td>每个营运工作日</td><td>—</td><td>三类技能</td></tr>
<tr><td>2</td><td>一级维护</td><td>(5000～10 000)公里或者 1 个月</td><td>(5000～10 000)公里或者 6 个月</td><td>二类技能</td></tr>
<tr><td>3</td><td>二级保养</td><td>(20 000～30 000)公里或者 6 个月</td><td>(20 000～30 000)公里或 1 年</td><td>三类技能</td></tr>
<tr><td>4</td><td>诊断维修</td><td colspan="2">更换高压系统总成部件(如控制模块、高压空调压缩机等);<br>维修仅限于蓄电池内独立部件更换(如高压蓄电池单元格);<br>高压系统部件外观损坏、变形严禁维修更换，应报备相应主机厂</td><td>二类技能</td></tr>
<tr><td colspan="5">* 维护作业间隔里程/时间，以先到者为正</td></tr>
</table>

2. 日常维护

以清洁、调整和安检为主要作业内容的车辆维护作业，如附表 2 所示。

附表 2 车辆维护作业

<table>
<tr><th>序号</th><th>日常维护</th><th>常规系统</th><th>电动系统</th><th>备注</th></tr>
<tr><td>1</td><td>清洁</td><td>车身(车窗等)</td><td>高压部件相关风冷过滤网</td><td rowspan="3">如有采用压缩空气吹扫或使用工业级吸尘器除尘</td></tr>
<tr><td rowspan="2">2</td><td rowspan="2">调整</td><td>常规工作介质(油、水、电、胎压等)</td><td>高压工作介质(制冷剂、冷却液、高压蓄电池的电量等)</td></tr>
<tr><td>运动部件润滑(如门窗铰链)</td><td>电动传动系统零部件润滑</td></tr>
<tr><td rowspan="3">3</td><td rowspan="3">安检</td><td>底盘(制动、传动、悬挂、转向等)</td><td>驱动电机及控制器工作状态检查</td><td rowspan="3">任何高压警示，立即停用处理！(警示灯见《电动汽车常见图标》，未注项目参照产品使用说明)</td></tr>
<tr><td>电气(灯光、照明、信号等)</td><td>仪表指示灯检视</td></tr>
<tr><td>电动机运转状态</td><td>动力蓄电池中通、电动辅助系统</td></tr>
</table>

3. 一级维护

3.1 常规系统一级维护。

与传统汽车类似的结构、部件应按照 GB/T 18344—2001 执行一级维护。

3.2 高压系统一级维护。

以清洁、润滑、紧固、调整和仪器检测为主的维护作业，应由二级技能技师执行。高压系统一级维护项目及要求，如附表 3 所示。

## 附表 3　高压系统一级维护项目及要求

| 序号 | 作业项目 | | 作业内容 | 技术要求 |
|---|---|---|---|---|
| 1 | 驱动电机 | 驱动电机冷却液的液位和浓度检查 | 检查驱动电机冷却液的液位和浓度，必要时添加冷却液和校准冷却液冰点 | 液位在指示刻度范围内，冰点根据厂家规定的要求操作校准 |
| | | 驱动电机安装支架 | 目视检查驱动电机外观与安装支架 | 驱动电机外观无裂纹无破损，安装支架无歪斜开裂等故障现象，支架固定螺栓扭矩符合出厂标准 |
| 2 | 动力电池 | 动力电池系统(设备)冷却风道滤网 | 拆卸、清洁、检查滤网 | 清除积尘、如有损坏或达到产品说明书要求更换条件的，更换滤网 |
| | | 动力电池系统状态 | 用专用动力蓄电池维护设备(或外接充电)对单体电池一致性进行维护 | 动力蓄电池系统中电池单体一致性应满足产品技术要求 |
| | | 动力电池系统 SOC 值校准 | 采用动力蓄电池专用诊断设备(或外接充电)对系统 SOC 值校准 | 系统 SOC 误差值小于 8% |
| | | 动力电池安装 | 目视检查动力电池外观与安装支架 | 动力电池外观无裂纹无破损，安装支架无歪斜、开裂等故障现象，支架固定螺栓扭矩符合出厂标准 |
| | | 外接充电互锁 | 外接充电检查 | 当车辆与外部电路(例如：电网、外部充电器)连接时，不能通过其自身的驱动系统使车辆移动 |
| | | 维修开关 | 手动检查维修开关 | 确保可靠安装并清理表面灰尘 |
| 3 | 高压控制系统 | 整车高压系统故障检查 | 用专用诊断仪检查车辆高压系是否报故障，并对故障实施解除相关作业 | 高压系统无故障 |
| | | 高压线束连接器紧固 | 目视检查、紧固 | 连接器接触面无过热、烧蚀等现象，紧固扭矩满足技术要求 |
| | | 高压绝缘状态 | 使用绝缘表(500 V)检测高压系统输入、输出与车体之间的绝缘电阻 | 绝缘电阻≥5 MΩ |
| | | 绝缘防护完整性 | 目视检查 | 高压线束绝缘防护层完整，无老化、破损。设备绝缘机脚无老化、破损、异常变形 |
| | | 高压系统紧固检查 | 目视检查、紧固 | 对高压箱、电机控制器等外挂式的高压系统部件检查固定扭矩满足技术要求 |

续表一

| 序号 | 作业项目 | | 作业内容 | 技术要求 |
|---|---|---|---|---|
| 4 | 高压附件系统 | 电动空压机油面 | 目视检查 | 在刻度指示范围内 |
| | | 电动真空助力器 | 目视检查、紧固 | 各管路、接口不漏气 |
| | | 电动空压机安装紧固检查 | 目视检查、紧固 | 符合紧固扭力要求 |
| | | 电动空压机传动结构紧固检查 | 目视检查、紧固 | 符合紧固扭力要求 |
| | | 电动空压机卸荷功能检查 | 启动电动空压机工作，加压完成、停止工作后，系统自动卸荷 | 卸荷正常、无异常延时或关闭后漏气等情况 |
| | | 电动转向泵安装紧固检查 | 目视检查、紧固 | 符合紧固扭力要求 |
| | | 充电系统(DCDC) | 功能检查、紧固 | 对低压蓄电池充电电压符合出厂标准 |
| | | 电动空调压缩机状态检查 | 功能检查、紧固 | 空调制冷符合出厂标准，紧固扭矩符合出厂要求 |
| | | 电加热暖气系统 | 功能检查、紧固 | 暖气制热符合出厂标准，紧固扭矩符合出厂要求 |

* 专用检测设备精度应满足有关规定。检测结果应符合国家相关技术标准或根据原厂要求。

**4. 二级维护**

4.1 常规系统二级维护基本作业应符合 GB/T 18344—2001 第 7.5 条规定的作业项目及要求。

4.2 常规系统二级维护检测项目，如附表 4 所示。

**附表 4 常规系统二级维护检测项目**

| 序号 | 检测项目 |
|---|---|
| 1 | 制动性能，检查制动力 |
| 2 | 转向轮定位，主要检查前轮定位角和转向盘自由转动量 |
| 3 | 车轮动平衡 |
| 4 | 前照灯 |
| 5 | 操纵稳定性，有无跑偏、发抖、摆头 |
| 6 | 传动轴，有无泄漏、异响、松脱、裂纹等现象 |

4.3 高压系统二级维护。

4.3.1 高压系统二级维护应符合 3.2 条。

4.3.2 高压系统二级维护基本作业项目及要求，如附表 5 所示。

附表5 高压系统二级维护基本作业项目及要求

| 序号 | 系统 | 项目 | 作 业 内 容 | 技 术 要 求 |
|---|---|---|---|---|
| 1 | 驱动电机系统 | 驱动电机 | 电机接线耳 | 无电击、烧蚀现象 |
| | | | 电机端3相线螺栓 | 无松动 |
| | | | 电机端3相屏蔽线 | 相屏蔽线与三相线无短路，绝缘电阻≥6 MΩ |
| | | | 电机防水接插件 紧固，防水有效 | 紧固，防水有效 |
| | | | 电机三相线高压电缆 | 波纹管 无破损或老化 |
| | | | 电机信号线插件 | 紧固 |
| | | 电机控制器 | 逆变器输入、输出端接线耳 | 无电击、烧蚀 |
| | | | 逆变器输出端3 相线螺栓 | 无松动 |
| | | | 逆变器输出端3 相线屏蔽线 | 无短路，绝缘电阻≥5 MΩ |
| | | | 逆变器防水接插件 | 紧固 |
| | | | 输入端2 相母线绝缘防护 | 无老化，破损，铜线裸露 |
| | | | 输入端2 相母线螺栓 | 无松动 |
| | | 绝缘检查 | A 相对车体绝缘电阻(绝缘表500 V) | ≥5 MΩ |
| | | | B 相对车体绝缘电阻(绝缘表500 V) | ≥5 MΩ |
| | | | C 相对车体绝缘电阻(绝缘表500 V) | ≥5 MΩ |
| | | | 逆变器正极对车体绝缘电阻(绝缘表500 V) | ≥5 MΩ |
| | | | 逆变器负极对车体绝缘电阻(绝缘表500 V) | ≥5 MΩ |
| | | 冷却检查 | 电机通风正常 | 正常 |
| | | | 电机冷却风扇 | 工作正常 |
| | | | 电机冷却液泵 | 工作正常，冷却液位在规定范围内 |
| | | | 冷却管路 | 接头无渗漏，管路无破损 |
| 2 | 动力电池 | 动力电池系统 | 系统连线 | 各部位线路固定可靠、整齐 |
| | | | 温度 | 温度采集数据正常 |
| | | | 单体电压 | 单体电压集数据正常，电压在规定范围内 |
| | | | 总电压 | 系统总电压在规定范围内 |
| | | 电池箱 | 冷却风扇工作状态 | 工作正常 |
| | | | 通风冷却滤网除尘 | 滤网无堵塞，箱体内无灰尘 |
| | | | 高压线束连接端紧固 | 连接牢固、可靠 |
| | | | 箱体安装固定检查 | 螺栓紧固力矩符合要求 |
| | | 绝缘检查 | 正级(输入、输出)对车体绝缘电阻(绝缘表500 V) | ≥550 MΩ |
| | | | 负极(输入、输出)对车体绝缘电阻(绝缘表500 V) | ≥550 MΩ |
| | | 高压配电箱 | 高压零部件工作状态 | 高压零部件工作正常 |
| | | | 绝缘电阻(绝缘表1000 V) | ≥550 MΩ |

续表

<table>
<tr><th>序号</th><th>系统</th><th>项目</th><th>作 业 内 容</th><th>技 术 要 求</th></tr>
<tr><td rowspan="14">3</td><td rowspan="14">高压附件系统</td><td rowspan="2">电动转向</td><td>工作状况</td><td>高压上电状态下正常工作</td></tr>
<tr><td>DC/AC 输入、输出电压</td><td>符合产品说明书要求</td></tr>
<tr><td rowspan="2">电动空压机</td><td>工作状况</td><td>高压上电状态下正常工作</td></tr>
<tr><td>DC/AC 输入、输出电压</td><td>符合产品说明书要求</td></tr>
<tr><td rowspan="2">电动真空助力器</td><td>工作状况</td><td>高压上电状态下正常工作</td></tr>
<tr><td>DC/AC 输入、输出电压</td><td>符合产品说明书要求</td></tr>
<tr><td rowspan="2">充电系统(DC/DC)</td><td>工作状况</td><td>高压上电状态下正常工作</td></tr>
<tr><td>DC/AC 输入、输出电压</td><td>符合产品说明书要求</td></tr>
<tr><td>电动空调压缩机</td><td>工作状况</td><td>高压上电、空调制冷状态下正常工作</td></tr>
<tr><td>暖气制热系统</td><td>工作状况</td><td>高压上电、暖气制热状态下正常工作</td></tr>
<tr><td rowspan="2">绝缘检查</td><td>各附件系统的高压线束</td><td>连接可靠、无破损</td></tr>
<tr><td>各高压系统输入、输出对车体绝缘(绝缘表500V)</td><td>电阻≥5 MΩ</td></tr>
</table>

4.4 二级保养范围扩大及移交。

4.4.1 根据技师能力，一级技能技师可以完成二级常规及高压系统保养并负责后续增项一次性完工。

4.4.2 根据技师技能，二级技能技师(含二级技能技师)涉及高压系统故障诊断的部分，必须根据车间生产流程由车间调度指派现场一级技能技师完成高压部分的故障诊断工作并完成一级高压维修内容后，再行进行二级常规及高压系统的保养。或者由一级技能技师一并完成全部基本作业项目和增项作业项目。

**5．高压系统维修诊断**

5.1 维修诊断的目的范围。

5.1.1 故障诊断的目的是消除电动汽车故障，恢复正常的车辆技术状态。

5.1.2 二级保养中发现的高压系统故障。

5.1.3 客户报修的高压系统故障。

5.1.4 应由一级技能技师完成诊断。

5.2 诊断步骤。

5.2.1 查阅技术档案(车辆运行记录、维修记录、检测记录、总成维修记录等)。

5.2.2 充分问诊。

向客户了解车辆历史技术状况(汽车动力性、异响、转向、制动及动力电池状态、润滑料耗等)。

5.2.3 现场检查。

使用专用设备检测并根据需要路试。

5.2.4 检测项目如附表 6 所示。

**附表 6 高压系统二级维护基本作业项目及要求**

| 序号 | 项 目 | 要 求 | 方 法 |
|---|---|---|---|
| 1 | 驱动电机工作状态 | 仪表未报驱动电机故障 | 行驶过程中目视检查 |
| 2 | 发电机工作状态 | 仪表未报发电机故障 | 行驶过程中目视检查 |
| 3 | 动力蓄电池工作状态 | 仪表未报动力蓄电池故障 | 行驶过程中目视检查 |
| 4 | 外接充电状态* | 充电过程中无异常断电，充满电后，系统应自动终止 | 外接充电检视 |
| 5 | 电动转向工作状态 | 转向轻便、自如、无中断 | 行驶过程中检查 |
| 6 | 电动空压机工作状态 | 仪表指示制动气压在规定范围 | 行驶过程中目视检查 |
| 7 | DC/DC 工作状态 | 仪表指示低压系统电压在规定范围 | 行驶过程中目视检查 |
| 8 | 电动真空助力器工作状态 | 制动助力正常 | 行驶过程中检查 |
| 9 | 电动空调工作状态 | 空调制冷有效 | 功能检查 |
| 10 | 暖气制热工作状态 | 暖气制热有效 | 功能检查 |
| 注：带“*”的项目适用于有外接充电插口的车辆 | | | |

5.2.5 填写增项单。

按照维修手册使用专用检测仪器(精度应满足有关规定)进行车辆故障诊断，填写增项作业单(检测结果应符合国家相关技术标准或根据原厂要求)，并报送技术主管审批。

5.2.6 备件报价。

增项作业单移交备件报价。

5.2.7 已经报价的增项作业单上传前台，确定维修方向。

5.2.7.1 申请索赔：根据索赔要求收集故障相关现场数据、视频、照片等。

5.2.7.2 客户签字：由前台业务接待向客户陈述故障原因并取得客户维修确认。

5.2.8 维修施工。

已经确定的增项作业项目与基本作业项目合并进行二级维护作业。

5.2.9 过程检验。

二级维护及增项维修过程节点始终贯穿过程检验，维修节点由检验员进行并签字确认，过程检验项目的技术要求应满足辆说明书的要求，如说明书不明确的，则以国家、行业及地方标准相关要求为准。

5.2.10 高压竣工检验。

二级维护完成后，车间应由不重复检验员进行高压竣工检验。竣工检验合格由检验员填写电动汽车维护竣工出厂合格证后方可出厂。

## 6. 竣工检验

6.1 电动汽车在完成常规系统、高压系统二级维护后，均应进行竣工检验。

6.2 竣工检验时各项目参数应符合产品使用说明书，如使用说明书不明确时，应以国家标准、行业标准及地方标准为准。

6.3 竣工检验不合格的车辆应进行进一步的检验、诊断和维护，直到达到维护竣工技术要求为止。

其中：

——常规系统二级维护竣工技术要求应按 GB/T 18344—2001 表 4 规定。

——电动汽车高压系统二级维护竣工检验应在整车高压上电情况下检查、检测。技术要求符合规定，如附表 7 所示。

**附表 7 竣工检验标准**

| 序号 | 检测部位 | 检测项目 | 技术要求 |
|---|---|---|---|
| 1 | 驱动电机及控制器 | 转速 | 符合原厂出厂标准 |
| | | 正常工作 | 专用诊断仪无指示电机故障 |
| 2 | 动力蓄电池系统 | 总电压 | 符合原厂出厂标准 |
| | | 外接充电状态 | 使用直流充电机外接充电时，无充电中断现象，充电 SOC 显示 100%，系统应自动终止充电 |
| | | 电池工作状态 | 正常，专用诊断仪检查，无动力蓄电池故障指示 |
| | | 电池通风工作状态 | 正常 |
| | | 高压配电箱中各电器件状态 | 电器件安装牢固、无烧蚀或损坏 |
| | | 动力电池绝缘 | 绝缘电阻≥550 MΩ |
| 3 | 高压附件系统 | 电动转向泵工作状态 | 转向自如，系统工作正常 |
| | | 电动空压机工作状态 | 系统工作正常，整车气压回路压力符合规定 |
| | | 电动真空助力器工作状态 | 系统工作正常，制动力符合规定 |
| | | DC/AC 逆变器工作状态 | 符合规定 |
| | | DC/DC 直流电源变换器工作状态 | 符合规定 |
| | | 电动空调压缩机工作状态 | 符合规定 |
| | | 暖气制热系统工作状态 | 符合规定 |
| | | 车载充电机工作状态 | 交流外接充电时，无充电中断现象，充电 SOC 显示 100%，系统应自动终止充电 |
| 4 | 发电机及控制器 | 工作状态 | 符合规定 |
| | | 与转速匹配的发电量 | 符合规定 |
| 5 | 高压系统绝缘 | 检查整车高压系统输入、输出端与车体之间的绝缘电阻 | 绝缘电阻≥5 MΩ |

# 附录 2　书中关键词中英文对照

## ⊠ 项目一

维护　Maintain
修理　Repair
电动汽车　Electric Vehicle(EV)
混合动力汽车　Hybrid electric vehicle
日常维护　Routine maintenance
一级维护　Elementary maintenance
二级维护　Complete maintenance
润滑作业　Lubrication operation
紧固作业　Fastening operation
调整作业　Adjustment operation
维护周期　Maintenance cycle
销售　Sale
零配件供应　Spare part
售后服务　Service
信息反馈　Survey
事故　Accident
服务顾问　Service advisor
工具　Tool
举升机　Lift
万用表　Multimeter
绝缘工具　Insulation tool

## ⊠ 项目二

售前检查　Pre Delivery Inspection(PDI)
环车检查　Ring car inspection
灯光　Light
喇叭　Horn
刮水器　Wiper
保险丝　Fuse
底盘　Chassis
悬架　Suspension
仪表盘　Panel
保险杠　Bumper

| | |
|---|---|
| 汽车识别号码 | Vehicle Identification Number(VIN) |
| 蓄电池 | Battery |
| 磨合期 | Running in period |
| 轮胎压力表 | Tire pressure gauge |
| 线束 | Wiring harness |
| 清洗车辆 | Cleaning vehicle |
| 扳手 | Wrench |
| 千斤顶 | Jack |
| 传感器 | Sensor |

## ⊠ 项目三

| | |
|---|---|
| 驱动系统 | Propulsion system |
| 离合器 | Clutch |
| 动力电池 | Power battery |
| 充电 | Charge |
| 润滑油 | Grease |
| 冷却系统 | Cooling system |
| 冷却液 | Coolant |
| 空调 | Air conditioner |
| 高压控制盒 | High voltage control box |
| 车载充电机 | On-board Charger |
| 直流电流转换器 | DC/DC |
| 电机控制器 | Motor controller |
| 空调压缩机 | Air conditioning compressor |
| 电动机 | Motor |
| 慢充 | Slow-charging |
| 快充 | Fast-charging |
| 电池管理系统 | Battery management system |
| 荷电状态 | State of Charge(SOC) |
| 放电深度 | Depth of Discharge(DOD) |
| 减速器 | Retarder |
| 变频器 | Converter |

## ⊠ 项目四

| | |
|---|---|
| 传动系统 | Transmission system |
| 行驶系统 | Running system |
| 转向系统 | Steering system |
| 制动系统 | Braking system |
| 挡位 | File position |
| 传动轴 | Drive axle |

| | |
|---|---|
| 轮胎 | Tyre |
| 车轮 | Wheel |
| 子午线轮胎 | Radial tire |
| 斜交轮胎 | Skew tire |
| 轮胎换位 | Wheel changing |
| 动平衡 | Tire dynamic balancing machine |
| 卡尺 | Vernier caliper |
| 四轮定位仪 | Four wheel aligner |
| 转向盘 | Steering wheel |
| 转向助力 | Power steering |
| 鼓式制动器 | Drum brake |
| 盘式制动器 | Disc brake |
| 电动真空泵 | Electric vacuum pump |
| 真空助力器 | Vacuum booster |
| 制动液 | Brake fluid |
| 制动踏板 | Brake pedal |
| 前束 | Toe-in |

## 项目五

| | |
|---|---|
| 整车控制单元 | Vehicle control unit |
| 制动防抱死系统 | Anti-lock braking system(ABS) |
| 电子转向系统 | Electronic steering system |
| 安全气囊 | Air bag |
| 安全带 | Safety belt |
| 继电器 | Relay |
| 导线 | Wireway |
| 车窗 | Car window |
| 天窗 | Skylight |
| 后视镜 | Driving mirror |
| 刮水器 | Wiper |
| 雨刮片 | Wiper blade |
| 控制开关 | Control switch |
| 玻璃水 | Windscreen cleaning solution |
| 冰点检测仪 | Cryoscope |
| 冷凝器 | Condenser |
| 制冷剂 | Refrigeration |
| 膨胀阀 | Expansion valve |
| 蒸发器 | Evaporator |
| 空调滤芯 | Air conditioning filter |
| 加热装置 | PTC |

# 参 考 文 献


[1] 崔胜民. 新能源汽车技术[M]. 北京：北京大学出版社，2014.

[2] 姜绍忠. 汽车维护与保养[M]. 北京：机械工业出版社，2016.

[3] 张珠让，尤元婷. 电动汽车维护保养[M]. 北京：机械工业出版社，2018.

[4] 陈强明. 新能源汽车综合故障诊断[M]. 天津：天津科学技术出版社，2016.

[5] 吴兴敏，张博，等. 电动汽车构造、原理与检修[M]. 北京：北京理工大学出版社，2015.

[6] 赵振宇. 新能源汽车技术[M]. 北京：人民交通出版社，2013.

[7] 牛会明. 中华人民共和国国家标准《汽车维护、检测、诊断技术规范》GB/T 18344—2016[M]. 北京：中华人民共和国交通运输部，2016.